现代机械管理与
设备检验检测技术

于 璇 杨 振 周群添 主编

黄河水利出版社
·郑州·

图书在版编目(CIP)数据

现代机械管理与设备检验检测技术/于璇,杨振,
周群添主编. —郑州:黄河水利出版社,2024.3
ISBN 978-7-5509-3755-0

Ⅰ.①现…　Ⅱ.①于…　②杨…　③周…　Ⅲ.①机械设
备-设备管理　②设备安全-安全管理　Ⅳ.①TB4　②X931

中国国家版本馆 CIP 数据核字(2023)第 197644 号

审　　稿　席红兵　E-mail:14959393@ qq.com

责任编辑　李晓红　　　　　　　责任校对　王单飞
封面设计　张心怡　　　　　　　责任监制　常红昕
出版发行　黄河水利出版社
　　　　　地址:河南省郑州市顺河路 49 号　邮政编码:450003
　　　　　网址:www.yrcp.com　E-mail:hhslcbs@ 126.com
　　　　　发行部电话:0371-66020550、66028024
承印单位　河南新华印刷集团有限公司
开　　本　787 mm×1 092 mm　1/16
印　　张　11.25
字　　数　260 千字
版次印次　2024 年 3 月第 1 版　　2024 年 3 月第 1 次印刷
定　　价　76.00 元

前　言

　　在全球经济一体化的趋势下,我国机械制造业不可能故步自封,它将和世界范围的经济市场相接轨,在机械自动化技术的应用下,这一市场竞争将更加激烈。企业身为市场经济的主体,不可能摆脱这一无法精确预测的环境,想要在其中谋生存、谋发展,必须牢牢把握市场技术前沿,不断研发新技术,加快产品更新换代速度,让企业优化升级。机械自动化技术目前是机械制造业核心技术,并且这一技术还未发展到极致,存在很大的进步空间,因此在机械制造业中必须加强对自动化机械的投资,保证企业科技处在市场前沿水准,提高企业的机械化利用率和机械化管理水平。

　　特种设备是指对人身和财产安全有较大危险的锅炉、压力容器(含气瓶)、压力管道、电梯、起重机械、客运索道、大型游乐设施、场(厂)内专用机动车辆等设备设施。特种设备是一个国家经济水平的代表,是国民经济的重要基础装备。由于特种设备潜在危险性较大,若使用不当,可能发生事故,因此世界上多数国家对其实施严格监管。随着我国各个地区经济的飞速发展,对特种设备的需求量也日益增多,为了保障特种设备的质量和使用安全,减少因特种设备而发生的事故,除了做好安全安装工作,最重要的就是对特种设备的检测检验工作。

　　本书主要介绍了现代机械管理与设备检验检测技术方面的基本知识,包括建筑起重机械安全管理、塔式起重机的检查和维护、周转材料和小型机具管理、轨道交通系统运管中的 AI 技术等内容。本书突出了基本概念与基本原理,在写作时尝试多方面知识的融会贯通,注重知识层次递进,同时注重理论与实践的结合。希望可以为广大读者提供借鉴或帮助。

　　由于作者水平有限,加之时间仓促,书中所涉及的内容难免有疏漏之处,希望各位读者多提宝贵意见,以便进一步修改,使之更加完善。

作　者

2023 年 8 月

目　录

第一章 建筑起重机械安全管理

第一节 塔式起重机的现场管理

一、进退场管理

(一)塔式起重机的选址与选型

前期编制塔式起重机(简称塔机)安装拆卸专项施工方案时,应该充分考虑塔式起重机引进平台的朝向、安装拆卸时辅助机械设备的停靠位置和吨位的选择等因素。

(1)塔式起重机选址,应以起重臂不覆盖到围墙外的道路、学校和商业区等区域为宜。

(2)施工场地狭小又处于市区的施工现场,应选用上回转、大力矩动臂式塔式起重机。

(3)用于料场作业或运作频率较高的塔式起重机,应选用额定力矩较大、使用年份较短的塔式起重机。

(二)基础检查复核

(1)检查基础位置、尺寸和标高是否符合设计要求。
(2)检查隐蔽工程验收记录和混凝土强度报告等技术资料是否符合要求。
(3)检查辅助设备的基础、预埋件等是否符合要求。
(4)检查基础排水措施是否通畅。

(三)设备进退场

(1)使用单位(项目部)应对进退场设备的数量、型号、生产厂家、出厂日期和出厂编号等进行审核检查。

(2)严禁安装、使用未经备案审批的建筑起重机械和辅助机械设备,严禁安装使用非原厂制造的标准节和附墙件等承力结构部件。

二、安装拆卸单位资质管理

安装拆卸单位应具有相应的资质和安全生产许可证,并在其资质等级许可范围内承揽业务。

三、特种作业人员管理

(1)塔式起重机的专职司机、起重信号工和司索工,应持证上岗。

(2)施工升降机的专职司机,应持证上岗。

(3)使用单位(项目部)应对进入现场进行安装拆卸的特种作业人员和"三类人员"的证书进行有效性和真实性核对,严禁无证上岗和"套证"。

(4)应根据相关规定做好特种作业人员的技术交底与安全教育,资料存档备查。

(5)作业人员必须佩戴安全帽、防滑鞋和安全带等防护用品。

四、结构件、安全装置和辅助机械等检查

(一)预埋节的沉降观测

(1)设备安装前,使用单位(项目部)应对设置预埋节的基础进行沉降观测和记录,并将观测记录数据告知安装单位。

(2)预埋节主弦杆上端面露出混凝土基础上平面的尺寸,必须满足使用说明书的要求;不能满足的,应向原生产厂家定制。

(3)预埋节应由塔式起重机生产厂家生产(厂家应出具关于该预埋节的合格证)。

(二)吊具检查

安装拆卸所用的钢丝绳、卡环、吊钩和辅助支架等起重机具,应符合相关规定,并经检查合格后方可使用。

(三)顶升和附墙检查

(1)塔式起重机加节后需进行附墙附着的,应按照先附墙、后顶升的顺序进行。

(2)附墙位置和支撑点的强度,应符合使用说明书的要求。

(四)安全装置检查

(1)建筑起重机械的变幅限位器、力矩限制器、起重量限制器、防坠安全器、钢丝绳防脱装置、防脱钩装置,以及各种行程限位开关等安全保护装置,应齐全可靠,不得随意拆除。

(2)限制器和限位装置严禁代替操纵机构使用。

(五)安全监控系统管理

安全监控系统应当具有超载报警、限位报警、风速报警和超载控制等功能。

(六)辅助机械检查

(1)使用单位(项目部)应根据专项施工方案和备案资料,对辅助机械的型号、吨位、

检测报告,操作人员的有效证件和机械停靠位置等进行检查。

(2)对辅助机械的机械性能进行检查,合格后方可使用。

五、现场安全管理

(一)设置警戒区并统一指挥

(1)安装、拆卸作业区域必须设置警戒区,无关人员严禁进入。

(2)安装、拆卸作业应统一指挥,责任明确,并采取必要的安全防护措施。

(二)现场动态管理

建筑起重机械安装、拆卸过程中,安装、拆卸单位现场负责人必须在现场带班作业,使用单位(项目部)机械设备管理人员和项目安全员必须到场监督旁站,切实加强动态管理与控制。

(三)月度检查

(1)严格执行"一月两检"制度,杜绝流于形式。

(2)检修人员应做好"一月两检"记录,使用单位(项目部)应做好监督和资料存档工作。

(四)停机检查

(1)风速达到9.0 m/s及以上或大雨、大雪和大雾等恶劣天气时,应提前做好降节、降塔等安全保护措施,严禁在恶劣天气下进行安装、拆卸作业。

(2)特殊情况下安装(拆卸)作业不能连续进行时,应采取相应的措施确保已安装(拆卸)的部件固定牢靠。经检查确认无隐患后,才能停止作业。

六、塔式起重机现场各方主体职责管理

(一)安装单位

(1)按照相关技术标准及建筑起重机械性能要求,编制建筑起重机械安装、拆卸工程专项施工方案,并由本单位技术负责人签字。

(2)按照相关技术标准及安装使用说明书等检查建筑起重机械及现场施工条件,并对现场安拆施工条件提交书面指导意见书。

(3)组织安全施工技术交底并签字确认。

(4)制定建筑起重机械安装、拆卸工程生产安全事故应急救援预案。

(5)将建筑起重机械安装、拆卸工程专项施工方案,安装、拆卸人员名单,以及安装、拆卸时间等材料,报施工总承包单位和监理单位审核后,告知工程所在地县级以上地方人民政府建设主管部门。

（6）安装单位应当按照建筑起重机械安装、拆卸工程专项施工方案及安全操作规程，组织安装、拆卸作业。

（7）安装单位的专业技术人员、专职安全生产管理人员应当进行现场监督，技术负责人应当定期巡查。

（8）建筑起重机械安装完毕后，安装单位应当按照安全技术标准及安装使用说明书的有关要求对建筑起重机械进行自检、调试和试运转。自检合格的，应当出具自检合格证明，并向使用单位进行安全使用说明。

（9）建筑起重机械使用单位和安装单位应当在签订的建筑起重机械安装、拆卸合同中，明确双方的安全生产责任（这里的使用单位指产权单位，即出租单位）。

实行施工总承包的，施工总承包单位应当与安装单位签订建筑起重机械安装、拆卸工程安全协议书（出租单位、承租单位、安装单位三方应签订安全协议）。

（二）产权单位（出租单位）

（1）建筑起重机械在使用过程中需要附着、顶升的，使用单位（产权单位）应当委托原安装单位或者具有相应资质的安装单位按照（编制）专项施工方案实施。验收合格后，方可投入使用。

（2）出租单位、自购建筑起重机械的使用单位，应当建立建筑起重机械安全技术档案。

（3）禁止擅自在建筑起重机械上安装非原制造厂制造的标准节和附着装置。

（三）使用单位（承租单位）

（1）使用单位应当自建筑起重机械安装验收合格之日（经专业检测机构检测）起30日内，将建筑起重机械安装验收资料、建筑起重机械安全管理制度、特种作业人员名单等，向工程所在地县级以上地方人民政府建设主管部门办理建筑起重机械使用登记。登记标志置于或者附着于该设备的显著位置。

（2）根据不同施工阶段、周围环境及季节、气候的变化，对建筑起重机械采取相应的安全防护措施。

（3）制定建筑起重机械生产安全事故应急救援预案。

（4）在建筑起重机械活动范围内设置明显的安全警示标志，对集中作业区做好安全防护。

（5）设置相应的设备管理机构或者配备专职的设备管理人员。

（6）指定专职设备管理人员、专职安全生产管理人员进行现场监督检查。

（7）建筑起重机械出现故障或者发生异常情况的，应立即停止使用；消除故障和事故隐患后，方可重新投入使用。

（8）使用单位应当对在用的建筑起重机械及其安全保护装置进行经常性和定期的检查、维护和保养，并做好记录。

（9）使用单位在建筑起重机械租期结束后，应当将定期检查、维护和保养记录移交出租单位。

（10）建筑起重机械租赁合同对建筑起重机械的检查、维护、保养另有约定的，从其约定。

（四）总承包单位

（1）向安装单位提供拟安装设备位置的基础施工资料，确保建筑起重机械进场安装、拆卸所需的施工条件。

（2）审核建筑起重机械的特种设备制造许可证、产品合格证、制造监督检验证明、备案证明等文件。

（3）审核安装单位、使用单位的资质证书、安全生产许可证和特种作业人员的特种作业操作资格证书。

（4）审核安装单位制定的建筑起重机械安装、拆卸工程专项施工方案和生产安全事故应急救援预案。

（5）审核使用单位制定的建筑起重机械生产安全事故应急救援预案。

（6）指定专职安全生产管理人员，监督检查建筑起重机械安装、拆卸、使用情况。

（7）施工现场有多台塔式起重机作业时，应当组织制定并实施防止塔式起重机相互碰撞的安全措施，制定群塔作业方案。

（五）监理单位

（1）审核建筑起重机械的特种设备制造许可证、产品合格证、制造监督检验证明、备案证明等文件。

（2）审核建筑起重机械安装单位、使用单位的资质证书、安全生产许可证和特种作业人员的特种作业操作资格证书。

（3）审核建筑起重机械安装、拆卸工程专项施工方案。

（4）监督安装单位执行建筑起重机械安装、拆卸工程专项施工方案情况。

（5）监督检查建筑起重机械的使用情况。

（6）发现存在生产安全事故隐患的，应当要求安装单位、使用单位限期整改；对安装单位、使用单位拒不整改的，及时向建设单位报告。

（六）建设单位

（1）不同施工单位在同一施工现场使用多台塔式起重机作业时，建设单位应当协调组织制定防止塔式起重机相互碰撞的安全措施。

（2）安装单位、使用单位拒不整改生产安全事故隐患的，建设单位接到监理单位报告后，应当责令安装单位、使用单位立即停工整改。

（七）其他注意事项

塔式起重机从安装到使用应经过三次验收及检测：安装完毕后安装单位进行自检，并出具自检合格证明；产权单位（出租单位）委托具有相应资质的检验检测机构监督检验合格；承租单位组织出租、安装、监理等有关单位进行验收。

第二节　资料管理

一、综合台账资料

(一)安装拆卸专项施工方案

(1)建筑起重机械安装拆卸应由具有相应资质的专业单位实施。安装前,专业安装单位应编制起重机械安装拆卸专项施工方案,单位技术负责人签字后交总承包单位、监理单位审批。

(2)建筑起重机械附墙装置的安装、顶升(加节)工作,应由原安装单位实施;附着水平距离、附着间距不能满足使用说明书要求时,应重新设计计算,绘制附着装置安装图,编写相关说明并履行审批手续。

(二)基础工程资料

(1)基础工程资料应按使用说明书的要求制作。

(2)使用单位应向安装单位提供经企业技术部门审核的基础工程资料。基础施工时的隐蔽工程验收,应由监理工程师旁站监督。

(三)生产安全事故应急救援预案

(1)安装单位应制定建筑起重机械安装、拆卸工程生产安全事故应急救援预案,内容包括概况、编制目的、危险源分析、组织机构及职责、预防与预警、应急处置、安装(拆卸)事故应急救援预案等。

(2)使用单位应制定建筑起重机械生产安全事故应急救援预案,内容包括概况、编制目的、危险源分析、组织机构及职责、预防与预警、应急处置、生产安全事故应急救援预案等。

(四)产权备案表

(1)出租单位首次出租前、自购使用单位首次安装前,应持特种设备制造许可证、产品合格证和制造监督检验证明到当地建设行政主管部门办理产权备案。未经备案登记的建筑起重机械,不得投入使用。

(2)应提交的资料:产权单位法人营业执照副本,特种设备制造许可证、产品合格证、制造监督检验证明、购销合同和发票、备案管理部门规定的其他资料。

(3)如有变更,应重新办理备案。

(五)安装(拆卸)告知表

(1)使用单位在建筑起重机械安装(拆卸)前 2 个工作日内,应书面告知工程所在地建设行政主管部门,同时提交经监理单位审核合格的有关资料。

(2)应提交的资料:产权备案表,安装(拆卸)单位资质证书和安全生产许可证副本,安装(拆卸)单位特种作业人员名单和上岗证复印件,专项施工方案,安装(拆卸)合同,以及与施工总承包单位签订的安全责任书,安装(拆卸)单位专职安全管理人员和技术人员名单,生产安全事故应急救援预案,施工总承包单位和监理单位以及登记管理部门规定的其他资料。

(六)建筑起重机械使用登记表

(1)建筑起重机械安装验收合格之日起 30 日内,使用单位应向当地建设行政主管部门报送安装验收资料、安全管理制度、特种作业人员名单和上岗证复印件等,办理建筑起重机械使用登记。

(2)应提交的资料:产权备案表,安装(拆卸)告知书,租赁合同,检验检测报告,安装验收资料,使用单位特种作业人员名单和上岗证复印件,生产安全事故应急救援预案及登记管理部门规定的其他资料。

二、塔式起重机台账资料

(一)安装自检表

塔机安装完成后,安装单位应进行自检和试运行,填写安装自检表,然后向使用单位出具自检合格证明和安全使用说明书。

(二)安装验收表

(1)塔机安装完成后,应委托具有相应资质的检验检测机构检测并出具检验合格报告。

(2)塔机检验合格后,使用单位应组织相关人员对照"塔式起重机安装验收表"的要求,对验收项目逐项检查。

(3)使用单位项目技术负责人和专职安全员、安装单位技术负责人和项目负责人、监理单位项目负责人和产权单位负责人,必须参加验收。验收后,必须明确填写结论意见(要求量化的参数应填写实测值)并签字盖章(验收单位章)。

(4)使用过程中需要附着的,使用单位应委托原安装单位或具有相应资质的单位实施并组织验收。未经验收或验收不合格的,不得使用。

(三)安全监控系统安装验收表

(1)塔式起重机检验合格后、使用前,使用单位应组织有关人员对"塔式起重机安全监控系统安装验收表"的验收项目逐项检查。

(2)安全监控系统和塔式起重机的安装单位、产权单位、使用单位、总承包单位、监理单位的项目负责人,必须参加验收。验收后,必须明确填写结论意见(要求量化的参数应填写实测值)并签字盖章(验收单位章)。未经验收或验收不合格的,不得使用。

(四)塔式起重机顶升(加节)验收表

(1)塔机需要顶升(加节)的,使用单位应委托原安装单位或具有相应资质的单位实施。

(2)顶升(加节)完成后,使用单位应组织有关人员对"塔式起重机顶升(加节)验收表"的验收项目逐项检查。验收后,必须明确填写结论意见(要求量化的参数应填写实测值)并签字盖章(验收单位章)。

(五)每日使用前检查表

塔式起重机每日作业前,当班司机应对相关零部件和有关设施进行检查,如实填写检查记录并签名。如发现问题,应及时上报项目部,整改符合要求后方可使用。

(六)月度安全检查表

塔式起重机使用满一个月,使用单位和产权单位应联合进行安全检查,填写检查记录和检查结论,产权单位负责人、使用单位项目负责人应签字确认。

(七)基础验收表

塔机安装前,施工总承包单位应组织安装单位和监理单位进行基础验收,填写"建筑起重机械基础验收表"。不符合要求的项目,应在备注栏具体说明。验收后,必须明确填写结论意见(要求量化的参数应填写实测值)并签字盖章(验收单位章)。

三、施工升降机台账资料

(一)安装自检表

施工升降机安装完成后,安装单位应进行自检和试运行,填写安装自检表,向使用单位出具自检合格证明和安全使用说明书。

(二)安装验收表

(1)施工升降机安装完成后,安装单位应委托具有相应资质的检验检测机构进行检测并出具检验合格报告。施工升降机的防坠安全器,每年应由具有相应资质的检测单位检测标定合格后方能使用。

(2)施工升降机检测合格后,应组织有关人员对照"施工升降机安装验收表"的要求,对验收项目逐项验收。

(3)使用单位项目技术负责人和专职安全员、安装单位技术负责人和项目负责人、监理单位项目负责人和产权单位负责人,必须参加验收。验收后,必须明确填写结论意见(要求量化的参数应填写实测值)并签字盖章(验收单位章)。

(4)施工升降机在使用过程中需要附着的,使用单位应委托原安装单位或具有相应资质的单位实施并组织验收。未经验收或验收不合格的,不得使用。

（三）每日使用前检查表

(1)施工升降机每日首次使用前,应由当班司机检查试验各限位装置和吊笼门等处的联锁装置是否有效、各层卸料平台门是否关闭,进行空车升降试验和测定制动器的有效性。如实填写检查记录并签名,如发现问题应及时上报项目部,整改符合要求后方可使用。

(2)施工升降机在每班首次载重运行时,必须从最底层上升,严禁自上而下。吊笼升至离地面 1~2 m 高度时,应停车试验制动器的可靠性。

（四）月度安全检查表

施工升降机使用满一个月,使用单位和产权单位应联合进行安全检查,填写检查记录和检查结论,产权单位负责人、使用单位项目负责人应签字确认。

（五）交接班记录表

多班组作业时,应按照规定进行交接班并认真填写交接班记录,交接班双方签字确认设备的完好情况、交接情况。

（六）基础验收表

施工升降机安装前,施工总承包单位应组织安装单位和监理单位进行基础验收,填写“建筑起重机械基础验收表”。不符合要求的项目,应在备注栏具体说明。验收后,必须明确填写结论意见(要求量化的参数应填写实测值)并签字盖章(验收单位章)。

四、其他台账资料

(1)安全技术交底记录:安装(拆卸)作业前,安装(拆卸)单位项目技术负责人应对安装(拆卸)特种作业人员进行安全技术交底,并书面记录,签字确认。

(2)建筑起重机械的使用说明书。

(3)建筑起重机械超过使用年限,必须由具有相应资质的评估机构进行评估。评估合格的,应到原备案机关办理相应手续并在规定的有效期内使用。

(4)建筑起重机械的租赁合同。

(5)建筑起重机械的安装(拆卸)合同、安全责任书、安装(拆卸)单位资质证书复印件及安装(拆卸)特种作业人员名单和证书。

(6)安全技术交底记录、安装检验报告。

第三节　塔式起重机生产安全事故的预防

一、早期疲劳裂纹的产生和预防

(一)早期疲劳裂纹的产生

为了节省费用,不少使用单位将小塔当作大塔用。建筑工地常见塔式起重机将成捆的钢筋从汽车上卸货运至幅度 30～50 m 处,成型后再运至楼面。成捆的钢筋一般重达 2～3 t,按要求应使用 63 t·m 以上的塔式起重机。大多数工地为了节省费用,采用 60 t·m 和 63 t·m 的塔式起重机,超载量达到 1.5 倍以上。历经数个工地使用后,塔式起重机的超载量和次数可想而知,钢结构构件产生疲劳裂纹也就在所难免。

(二)早期疲劳裂纹的预防

(1)教育培训塔式起重机的管理者和使用者,使其掌握钢结构疲劳的基本常识,养成按规程操作的良好习惯,自觉抵制超载等违章行为。

(2)切实加强塔式起重机管理者和使用者的监管,杜绝高强度、高频次的超载行为;操作人员应持证上岗。

(3)塔身螺栓的预紧力必须达到规定要求,防止产生早期疲劳裂纹。

二、塔帽失稳现象的产生和预防

(一)塔帽失稳现象的产生

(1)在力矩限制器失效的情况下,起吊不明重物或强行超载使用。

(2)在力矩限制器失效的情况下,起吊重物变幅(载重小车往外走,超力矩使用),应力超过塔帽单肢的极限。

(二)塔帽失稳现象的预防

(1)工作前,应对塔式起重机司机、信号员和司索工等进行安全技术交底;配齐塔式起重机工作所必需的人员,按规范操作。

(2)严格按规范要求执行,确保安全保护装置完好,不得随意调整和拆除力矩限制器。

三、地下节或预埋螺栓断裂的产生和预防

(一)地下节或预埋螺栓断裂的产生

地下节或预埋螺栓断裂,多发于地下节主弦杆和预埋螺栓。分析其产生原因大致有

以下 4 个因素：

(1)重复使用地下节或预埋螺栓,使其使用寿命大大降低,产生疲劳裂纹的可能性大大增加。

(2)自行制作地下节或预埋螺栓,其母材和焊接都达不到使用要求。

(3)用标准节甚至用旧的标准节替代地下节使用,强度明显不够。

(4)超载使用。

(二)地下节或预埋螺栓断裂的预防

加强日常检查,重点检查地下节主弦杆连接套附近和连接套焊缝是否完好(必要时,采用无损检测)。

四、人为因素造成事故的预防

塔式起重机为施工现场的特种设备,其设备安全管理既要按照一般设备进行管理,又要有所区别。在人的行为安全方面,应注意以下方面。

(一)安装、拆卸过程

(1)拆装工:塔式起重机拆装工为特种作业人员,必须经建设主管部门考核合格并取得特种作业操作资格证书后,方可上岗作业;安装、拆卸作业前,必须经过安装、拆卸单位技术人员有针对性的书面安全技术交底(交底应包括塔机本身的安装、拆卸注意事项及作业现场周边环境因素对安装、拆卸作业的影响),并签字确认;安装、拆卸作业前,必须经过施工单位(总承包单位)三级安全教育及入场教育;上塔作业人员应佩戴安全带、安全帽,穿防滑鞋。

(2)信号指挥工:是塔机安装、拆卸过程中的重要指挥人员,其行为直接影响工程的安全性。信号指挥工应做到如下要求:必须经建设主管部门考核合格并取得特种作业操作资格证书后,方可上岗作业;指挥过程中必须确保信号清晰,可采用哨子、旗语、手势、对讲机等方式传递正确信号;安装、拆卸过程中所有的吊装动作必须经过信号指挥工一个口径发出,严禁两个不同的指挥信号同时出现(安装作业中应统一指挥,明确指挥信号,当视线受阻、距离过远时应采用对讲机或多级指挥);指挥操作过程中,须时刻注意辅助起重机械的安全状态。

(3)吊车司机:必须经建设主管部门考核合格并取得特种作业操作资格证书后,方可上岗作业;应熟知吊车的起重性能及安全状态;须接受安装、拆卸单位技术人员有针对性的书面安全技术交底(交底应包括现场踏勘发现的周边环境因素对安装、拆卸作业的影响)。

(二)使用过程

(1)塔吊司机:塔式起重机司机为特种作业人员,必须经建设主管部门考核合格并取得特种作业操作资格证书后,方可上岗作业;塔吊司机上岗作业前必须经过施工单位(总承包单位)三级安全教育及入场教育并经过产权单位、分包单位、总承包单位三方对塔吊司机、信号工的联合交底;严禁塔吊司机私自拆除、破坏塔机的安全装置(如零位保护器、力矩限位器等),塔吊司机交班作业时,应主动检查塔吊大臂、塔帽、后平衡臂的钢丝绳及销轴情况;上下塔吊时,塔吊司机应主动对防爬装置上锁,防止无关人员上塔;作业过程中应仅听从信号工的指挥,遵守"十不吊"的规定,有权拒绝违章指挥及冒险作业;按照要求填写运转记录及维修保养记录。

(2)信号工:为特种作业人员,必须经建设主管部门考核合格并取得特种作业操作资格证书后,方可上岗作业;信号工上岗作业前必须经过施工单位(总承包单位)三级安全教育及入场教育,并经过产权单位、分包单位、总承包单位三方对信号工、塔吊司机的联合交底;作业过程中必须在吊装作业点可视范围内进行指挥;遵守"十不吊"的规定,有权拒绝违章指挥及冒险作业;在群塔作业时,起钩、转臂前应确定塔吊间相互位置,保证作业安全性。

五、设备因素造成事故的预防

针对安装、拆卸及顶升、附着过程中设备危险因素进行辨识。

(一)安装、拆卸过程

(1)辅助起重设备选用不合理、起重性能不能满足现场需要将严重影响安装、拆卸过程的安全性。吊车应具有专业检测机构出具的检测报告(一年有效)。

(2)选择辅助起重安拆设备应考虑安拆距离、安拆高度、安拆设备的自身重量及安拆设备的不确定载荷(尤其拆卸过程中孔、轴间摩擦所产生的影响,如标准节采用销轴连接与螺栓连接两种方式所产生的附加载荷有较大不同)。

(3)应确保吊车支设点地基基础的安全性及吊车支腿有效、可靠、完全伸出。

(4)安装、拆卸过程中塔吊吊点不正确,尤其是拆卸过程中吊点不正确,极易发生安全事故。安装前须试吊,确定吊点,安装完毕后应对吊点进行标记,便于拆卸时使用。

(5)拆卸前往往需要降节,降节过程中顶升油缸需保证安全性能。油缸的压力表、油管的油封、液压油是否存积时间过长等均需检查。另外,降节前应确保零位保护的完好性,谨防司机误操作。

(6)安装、拆卸前查看天气情况,确保作业过程中风力在4级以下。

(7)降节时,引进小车所用固定标准节的螺栓必须规范。

(二)顶升、附着过程

(1)锚固点的受力情况,包括穿墙螺栓的紧固、抱箍螺栓的紧固、预埋钢板的可靠性。

(2)工程结构上附着位置安装的便捷性。有些部位安装附着杆件必须搭设可靠的操作平台,以方便拆装人员安拆附着杆件。

(3)附着杆件的安全性。严禁私自改装、改造附着杆件,尤其是多次使用后又多次拼装、搭焊的附着杆件。

(4)顶升过程中的配平。

(5)顶升前应确保零位保护、回转制动、大钩保险的完好性,谨防司机误操作。

(6)顶升前油缸需保证安全性能。油泵的压力表、油管的油封、液压油是否存积时间过长变质等均需检查。

第四节　塔式起重机生产安全事故的应急处理

当塔式起重机发生较大事故或故障但尚未倾覆、倒塌时,应根据事故大小和复杂程度,迅速成立由相关技术人员、操作安装人员等组成的事故处理小组,制定排险处理方案并进行排险处理,防止事故进一步扩大。

一、严重超载导致塔帽失稳

塔式起重机严重超载,可能会发生塔顶受压主弦杆的失稳弯曲。如发生这种情况,应采取以下措施:

(1)立即卸下吊重物(注意不要产生过大冲击)。

(2)塔式起重机上(包括司机)所有人员迅速撤离。

(3)按塔式起重机倒下可能占据的范围,设置安全区域。

(4)用望远镜观察失稳弯曲部分的变化情况,同时观察塔身、吊臂、上下支座、拉杆等部位有无异常变形,观察时间不少于2 h。若变形稳定,可按以下步骤拆塔:

①选派经验丰富的电焊工,在塔顶4根主弦杆上焊接加固型钢。加固型钢的材料、规格型号、尺寸、焊接方法、安装位置等,严格按现场技术人员制定的方案执行。

②塔顶加固后,立即采用大型吊车(履带吊或汽车吊)直接拆除(不降塔)。若短时间内无法落实大型吊车,可在加强受损部位监控的情况下先行降塔,再用适当吨位的吊车拆除。

二、严重超载导致塔身下部失稳

塔式起重机严重超载,可能会发生塔身下部标准节主弦杆受压失稳弯曲。发生这种情况,应采取以下措施:

前三个步骤与塔帽失稳的处置方式相同。用望远镜观察失稳弯曲部分的变化情况,同时观察塔身、吊臂、上下支座、拉杆等部位有无异常变形,观察时间不少于2 h。若变形稳定,可按以下步骤拆塔:

(1)尽快在塔身上部4根主弦杆上拉4根钢丝揽风绳。揽风绳的规格、直径、固定位置由现场技术人员确定。

(2)选派经验丰富的电焊工,在弯曲变形的主弦杆上焊接加固型钢。加固型钢的材料、规格型号、尺寸、焊接方法、安装位置等,严格按现场技术人员制定的方案执行。

(3)用适当吨位的吊车直接拆除(不降塔)。

三、钢材表面裂纹的处理

塔式起重机经常超负荷运行,一些高交变应力及应力集中的部位(如塔身下部标准节、接头处主弦杆,塔帽上下端接头处主弦杆等)容易出现疲劳裂纹,对塔式起重机的危害极大。如发现钢材表面裂纹,应按下列方法处理:

(1)立即停止工作,塔式起重机上所有人员(包括司机)迅速撤离;按塔式起重机倒下可能占据的范围,设置安全区域。

(2)发现裂纹的结构件,应立即报废更换。若更换难度较大或工程即将完工,可按以下方法进行临时性加强处理(必须有技术人员制定的技术方案,经批准后方可实施)。

①在裂纹扩展方向的尾部钻一个直径5 mm的止裂孔,阻断裂纹进一步扩展。

②用砂轮机将裂纹断面磨出45°坡口,用电焊将坡口焊平,然后在外表面焊接与母材厚度相当的加强钢板。

③工程完工后,该构件应予报废处理。

第二章 塔式起重机的检查和维护

第一节 结构件的检查和维护

一、底架结构的检查和维护

（1）地下节、地下预埋螺栓等应一次性使用，不得将旧标准节作为地下节。

（2）底架结构在工程现场安装后，必须按规定进行定期监测。监测内容为塔式起重机基础沉降、塔身倾斜等情况，以及塔式起重机使用、基坑开挖过程中底架结构的动态稳定性。

（3）检查地下节和预埋螺栓的规格、材质和构造是否符合设计要求。预埋螺栓采用中碳钢的，螺杆不能重力敲击，不能与承台钢筋焊接；采用低碳钢的，可以焊接。地下节主弦杆上的防拔钢板埋入时需临时割去的，就位后应复位补上。

（4）检查底架构件间的连接、底架和塔身间的连接是否可靠（预紧力是否满足要求，螺栓长度是否合适）。

（5）定期检查各连接螺栓、销轴的固定（或紧固）情况；检查基础排水是否通畅，避免底架构件锈蚀破坏；检查可能出现早期疲劳裂纹的部位。使用时间较长的塔式起重机，应定期对底架结构进行涂漆防锈；如发现开焊情况，应及时补焊。

（6）组合基础上采用混凝土承台基础时，底架结构的维护要求应与非组合基础相同；组合基础上采用钢平台基础时，要确保第一节标准节高强螺栓的预紧力，并做好螺栓的防松措施。

（7）防止底架结构架体的高强度连接螺栓松动，如发现松动应及时紧固。

二、塔身的检查和维护

（1）塔身标准节间的高强螺栓连接必须按规定的预紧力紧固，并应定期检查。

（2）塔身高强螺栓应采用正确的拧紧方法；双螺母防松应紧固到位，不得使用其他形式。

（3）高强度螺栓第一次安装并使用 100 h 后，应全部检查并均匀拧紧；以后，每工作 500 h 检查一次。

（4）每周检查标准节的裂纹（采取目测、放大镜、渗透或磁粉探伤等方法），重点检查旧标准节（或经常过载标准节）中容易出现裂纹的相关部位。

（5）防止结构架体的高强度连接螺栓松动，如发现松动应及时紧固。

(6)结构架体锈蚀严重的,应及时涂漆防锈;如发现开焊情况,应及时补焊。

(7)定期做好油漆保养工作。

三、爬升套架的检查和维护

(1)检查爬爪、爬爪座和顶升油缸的承力点部位受力后的变形情况;有明显塑性变形的杆件应予报废更换,来源不清的爬爪、销轴、油缸组合应慎用;爬爪座焊缝开裂、承力焊缝高度和长度不足,应制定专项方案进行加固修复。

(2)检查滚轮滑板是否有足够的位置调节范围,滚轮转动是否灵活,滑块表面是否平整。

(3)外套架顶起后,严禁启动回转机构;安装吊运时,起吊点应合理,以防止结构变形。

(4)检查顶升横梁和防脱装置的焊缝质量,如发现缺陷及时处理。

(5)爬升轮(滚轮)和调节螺杆应有效润滑,爬升轮与标准节之间的间隙必须调整到位。

(6)构件锈蚀严重的,应及时涂漆防锈;如发现开焊情况,应及时补焊。

(7)顶升前,目测三个承力点(爬爪、爬爪座和顶升油缸)的焊缝开裂等情况。

四、起重臂及拉杆的检查和维护

(1)目测起重臂和拉杆各处的变形情况。

(2)用游标卡尺测量起重臂和拉杆轴、销孔的磨损情况,如超过5‰应立即更换。

(3)检查起重臂(下弦杆上跑的是铸铁滚轮)杆壁磨损量,如超过10%应立即报废。

(4)定期检查起重臂(薄壁管材)的锈蚀情况,如发现问题及时更换。安装时,要检查起重臂各销轴与销孔的配合间隙是否合理,防连接销脱出的开口销是否按规范设置,如发现异常及时处理。

(5)构件锈蚀严重的,应及时涂漆防锈;如发现开焊情况,应及时补焊。

(6)更换塑性变形(损坏)的结构件,应请有资质的单位进行,防止结构变形。

(7)定期做好油漆保养工作。

五、上下支座的检查和维护

(1)定期检查上下支座中的各耳板是否有变形、裂纹和脱焊等缺陷;各连接孔要定期检测其内孔磨损程度,内孔椭圆度(或者直径变大)达到6%以上应更换孔板。

(2)回转支承一般不少于两年一次解体,对弹体、弹道和弹隔进行清洗(用柴油)并更换润滑脂,解体(安装)的方法和润滑脂的品牌应符合生产厂家使用说明书的要求。定期复拧检查螺栓的预紧力。

(3)检查筋板的厚度和相近焊缝的外观,如发现问题及时修复。

（4）固定司机室用的耳板和销轴,安装应准确,并同时安装防销轴脱出开口销等（不得用小规格螺栓代替）。

（5）经常观察与上下支座连接部件（如塔顶、臂架、平衡臂等）的晃动情况,如发现异常及时处理。

（6）构件锈蚀严重的,应及时涂漆防锈;如发现开焊情况,应及时补焊。

（7）检查构件的连接螺栓和焊缝损坏变形和松动等情况,如发现问题立即处理。

（8）定期做好油漆保养工作。

六、塔顶的检查和维护

（1）目测主弦杆单肢在超载情况下的变形情况。

（2）用游标卡尺测量轴和销孔磨损及受力拉长情况,如超过5‰应立即更换。

（3）检查各杆件连接处的焊缝情况,如发现开裂应立即停止使用。

（4）按操作规程操作（不超载）,以减少塔式起重机工作时的晃动。

（5）构件锈蚀严重的,应及时涂漆防锈;如发现开焊情况,应及时补焊。

（6）定期做好油漆保养工作。

七、载重小车的检查和维护

（1）检查滑轮防止钢丝绳脱出的情况,滚轮、侧滚轮应齐全、转动灵活。

（2）检测和控制小车钢结构的变形。

（3）检查起升钢丝绳对小车结构（或销轴）的磨损情况,如发现问题及时处理。

（4）滚轮和侧滚轮轴承应定期拆洗、换注润滑剂。

（5）目测载重小车运行,防止小车滚轮在臂架轨道上跑偏、跑空。

（6）及时调整载重小车牵引钢丝绳的松紧程度和绳挡的间隙,如发现损坏立即修复。

八、平衡臂及拉杆的检查和维护

（1）目测平衡臂及拉杆各处的变形情况。

（2）用游标卡尺测量平衡臂及拉杆轴和销孔的磨损情况,如超过5‰应立即更换。

（3）检查平衡臂各销轴与销孔的配合间隙是否符合要求,防连接销脱出的开口销是否按规范设置。

（4）检查走台网板的破损情况;更换塑性变形（损坏）的结构件,应请有资质的单位进行,防止结构变形。

（5）栏杆扶手齐全、牢固可靠,定期做好油漆保养工作。

（6）运输中,应防止构件变形和碰撞损坏。

第二节　主要机构的检查和维护

一、起升机构的检查和维护

（1）检查制动瓦与制动轮之间的间隙是否符合要求。

（2）检查润滑油、液压油是否正常。

（3）各钢丝绳断丝和松股超过规定时，必须立即更换。

（4）排绳装置润滑到位、灵活可靠，挡绳间隙合理。

（5）制动瓦、制动轮摩擦面上发现污物时，应及时清洗。

（6）按规定要求保养钢丝绳。

二、变幅机构的检查和维护

（1）检查两个刹车盘之间的间隙是否符合要求。

（2）检查润滑油、液压油是否正常。

（3）各钢丝绳断丝和松股超过规定时，必须立即更换。

（4）保持卷筒良好的排绳作用，挡绳间隙合理。

（5）制动瓦、制动轮摩擦面上发现污物时，应及时清洗。

（6）按规定要求保养钢丝绳。

三、回转机构的检查和维护

（1）定期检验回转机构的固定情况，确保回转机构与支座座孔的安装配合程度达到设计要求。

（2）检查机构运转是否正常，是否有异常声响，如发现问题立即排除。

（3）检查回转机构小齿轮与回转支承大齿轮的中心线是否平行，啮合面和侧隙是否合适。

（4）检查直流盘式制动器动作是否良好可靠。

（5）制动瓦、制动轮摩擦面上发现污物时，应及时清洗。

（6）回转机构润滑到位、用油合理。

（7）回转支承大、小齿轮啮合面不小于70%，啮合间隙均匀、润滑合理。

（8）液力偶合器的油量应按使用说明书要求执行。

（9）直流盘式制动器制动力矩、盘间距应符合要求。

四、液压顶升机构的检查和维护

(1)检查油箱内部是否清洁滤油器,有无堵塞;液压管路损坏,应立即更换。

(2)爬升前应检查溢流阀的压力是否正常,不得随意更动溢流阀的压力,无液压锁定装置不得使用。

(3)检查各部位是否存在漏油情况。

(4)初次启动油泵时,检查接口是否正确、转动方向是否正确,检查吸油管路是否漏气,检查试运转是否正常。

(5)冬季启动困难时,应先进行空载试运行,待油温正常,控制阀动作灵活后再正式工作。

(6)检查各销轴、耳板的完好性,顶升横梁与标准节的踏步位置尺寸应配合正常。

五、行走机构的检查和维护

(1)检查行走装置的同步性。

(2)确保机构与轨道的安装位置正确,不得"啃轨"。

(3)定期更换动力变速器的润滑油,大修时应解体清洗零部件、换油。

(4)电缆收放装置应适合塔式起重机的运行,张紧调节合理。

(5)制动瓦、制动轮摩擦面上发现污物时,应及时清洗。

(6)检查减速器的润滑是否符合要求。

第三节　主要安全装置的检查和维护

一、塔式起重机安全装置

(一)限位装置

限位装置(亦称限位器)是控制行程运行工作范围,防止运行机构行程越位的限位装置。限位装置包括高度限位器、幅度限位器、回转限位器、运行限位器、幅度极限限位器。

1.高度限位器

高度限位器亦称行程开关,起升高度限位器安装在卷扬机旁。起升高度限位器设置要求:对动臂变幅塔机,当吊钩装置顶部升至起重臂下端的最小距离为 800 mm 处时,应能立即停止起升运动。对小车变幅的塔机,当吊钩装置顶部升至小车架下端的最小距离为 800 mm 处时,应能立即停止起升运动,但可以有下降运动。所有形式的塔机,当钢丝绳松弛可能造成卷筒乱绳或反卷时应设置下限位器,在吊钩不能再下降或卷筒上钢丝绳只剩 3 圈时应能立即停止下降运动。

2. 幅度限位器

幅度限位器是限制塔式起重机工作幅度变化的范围,防止变幅超出范围造成安全事故的安全装置。塔机变幅限位装置有动臂变幅幅度限位器和小车变幅幅度限位器两种。

(1)动臂变幅幅度限位器。动臂式塔机设置有臂架低位和臂架高位的幅度限位开关,以及防止臂架反弹后翻的装置。动臂式塔机还应安装幅度指示器,以便司机能及时掌握幅度变化情况并防止臂架仰翻造成重大破坏事故。动臂式塔机的幅度指示器,具有指明俯仰变幅动臂工作幅度及防止臂架向前后翻仰两种功能,装设于塔顶右前侧臂根交点处。

(2)小车变幅幅度限位器。该限位器是使小车在到达臂架端部或臂架根部之前停车,防止小车发生越位事故的安全装置。对于小车变幅塔机,设置有小车行程限位开关和终端缓冲装置。限位开关动作后保证小车停车时其端部距缓冲装置最小距离为200 mm,断开变幅机构的单向工作电源,以保证小车停止运行,避免越位。

3. 回转限位器

回转限位器亦称角度限位传感器,是用以限制塔机的回转角度,实现工作定位,防止部件和电缆损坏的安全装置。设置中央集电环的塔机可以实现回转限位;不设中央集电环的塔机应设置正反两个方向的回转限位开关,使正反两个方向的回转范围控制在±540°内,以防止电缆线缠绕损坏,避免与障碍物发生碰撞等。当塔机回转到达极限位置时,自动切断往前方向回转的电源,使塔机只能朝相反方向运转。

4. 运行限位器

运行限位器亦称行走限位器,主要是用于行走轨道式塔机大车行走范围限位,防止塔机出轨的安全装置。行走限位器通常装设于行走台车的端部,前后台车各设一套,可使塔式起重机在运行到轨道基础端部缓冲止挡装置之前完全停车。

5. 幅度极限限位器

幅度极限限位器亦称防后倾限位装置,用于动臂变幅塔机。该装置设置在动臂的三脚架上,当起重臂在上仰中,超出规定的极限范围时,该装置将有效阻止起重臂在规定的幅度内停止,有效防止起重臂向后倾覆事故发生。

(二)保险装置

塔机保险装置是指冗余设计的一种保险与保护装置,以增加塔机运行的安全、可靠性。保险装置包括小车断绳保护装置、小车断轴保护装置、吊钩防脱绳装置、滑轮防脱绳装置、爬升防脱装置。

1. 小车断绳保护装置

对于小车变幅式塔式起重机,为防止变幅小车牵引钢丝绳断绳导致失控,变幅机构的双向位置均设置小车断绳保护装置。

小车断绳保护装置的原理是:断绳保护装置平时受变幅小车牵引钢丝绳的牵制呈水平状,变幅小车处于正常运行状态。当发生变幅小车牵引钢丝绳断裂时,钢丝绳下垂,断绳保护装置随着钢丝绳的下垂而呈垂直状。断绳保护装置受起重臂下横腹杆的阻挡,阻止行走小车无法移动。这种装置虽然简单有效,但在使用中会出现因牵引钢丝绳松动引起装置上翘,影响变幅小车正常运行,因此必须使牵引钢丝绳的松紧适度。另外,变幅小车是由两根钢丝绳分别牵引两个方向,所以需要具有两组断绳保护装置。

2.小车断轴保护装置

小车断轴保护装置设置在小车变幅的塔机上,即使小车轮轴断裂,小车也不会掉落,是阻止危害事故发生的安全装置。变幅小车断轴保护装置是依靠四个滚轮在起重臂的下弦杆上滚动,四根滚轮轴承受小车、吊具及起重物的全部重量,变幅小车的轮轴一旦断裂或出轨,行走小车就会坠落引起安全事故。其原理是:小车断轴保护装置安装在变幅小车架左右两根横梁上的两块固定挡板,当小车滚轮轴断裂时,固定挡板即落在吊臂弦杆上,固定挡板正好卡在滑轮轨道上,使小车不能脱落,起到断轴保护作用。

3.吊钩防脱绳装置

吊钩防脱绳装置亦称闭锁装置,是通过装置中弹簧的张力促使防脱钩挡板与吊钩保持封闭锁合状况,以防止钢丝绳从吊钩中脱出而发生事故。

4.滑轮防脱绳装置

滑轮、起升卷筒及动臂变幅卷筒均应设有钢丝绳防脱装置,该装置与滑轮或卷筒侧板最外缘的间隙不应超过钢丝绳直径的 20%。滑轮和起升卷筒及动臂变幅卷筒防脱绳装置(亦称排绳器),是指引导和控制钢丝绳均匀、逐层排绕在卷筒上的辅助装置,一方面能确保钢丝绳在卷筒上排列整齐,减轻钢丝绳相互之间的挤压,降低其磨损程度,延长钢丝绳的寿命,另一方面能最大限度地排除因排绳不畅引起钢丝绳跳出卷筒两端边凸缘而带来的风险。

5.爬升防脱装置

爬升防脱装置亦称顶升防脱装置。自升式塔机应具有防止塔身在正常加节、降节作业时,顶升横梁从塔身支承中自行脱出的功能。其结构为:在顶升横梁固定块外侧及标准节支承块上设置一个 ϕ15 的销孔,在销孔中插入用于连接顶升横梁固定块与标准节支撑块的防脱销轴。其原理为:在顶升作业时,将顶升销轴放入支承块弧槽中,塔机上部的重量由顶升横梁两端的顶升销轴支撑,防脱销轴插入的孔中,由防脱销轴将顶升横梁与标准节之间紧紧地连接起来,使之形成一个整体,顶升或下降作业完成后,即可将防脱销轴从孔中抽出。

(三)限制装置

塔式起重机限制装置是为防止过载、预防倾覆事故而设置的安全装置。限制装置包括力矩限制器、起重量限制器、制动器、抗风防滑装置、电气系统保护装置。力矩限制器是限制起重臂相应幅度起重量,起重量限制器是限制最大起重量。这两套限制装置是塔机必不可少的安全保护装置。

1.力矩限制器

力矩限制器在塔机起重力矩超载时起限制作用。塔机应安装力矩限制器,则其数值误差不应大于实际值的±5%。当起重力矩大于相应工况下的额定值并小于该额定值的 110% 时,应切断上升和幅度增大方向的电源,但机构可做下降和减小幅度方向的运动。力矩限制器分为机械型和电子型两种,机械型中又有弓板型和杠杆环型两种形式。

（1）弓板型力矩限制器。塔式起重机起升重物时，塔帽主肢受压变形，力矩限制器弓形放大杆受压向两边位移，带动固定在放大杆上的撞块向行程开关移动。当超过额定力矩时，撞块撞上行程开关，行程开关的触头打开，切断相应的控制电路，达到限制塔机吊重力矩载荷的目的。

（2）杠杆环型力矩限制器。该力矩限制器一般安装在塔机塔顶主弦杆下端部位。当塔机起吊重物时，塔顶受力，塔顶主弦杆发生弯曲变形，焊接在塔顶主弦杆上的上、下拉铁发生位移，即上拉铁向上方弧线位移，下拉铁向下方弧线位移，使拉杆受力后拉动环体发生变形，又使装在环体内的弓形板发生变形，带动微动开关触头杆触碰到环体上的可调螺钉，微动开关进入转换状态。根据塔机起重臂顶端起吊重物的额定吨位，调整微动开关的可调螺钉来控制力矩报警、超力矩断电等功能。当塔顶起重臂顶端超过额定起吊重量时，塔机停止起吊重物。另外，在力矩限制器环体内装有微动开关（常开），当力矩限制器安装完毕，在调整拉杆顶部的松紧螺母时，应将微动开关的接线调整为接通状态，将连接线路穿入起升机构的控制线路中，防止随意增加塔机的起重量。

（3）电子型力矩限制器。工作时，当实际载荷为额定载荷的90%以下时，显示器"正常"灯亮；当实际载荷达到额定载荷的90%时，显示器"90%"灯亮，同时力矩限制器主机上蜂鸣器开始间断鸣叫预警；当实际载荷达到额定载荷的100%时，显示器"100%"灯亮，同时力矩限制器主机上蜂鸣器开始间断加快鸣叫报警；当起重力矩大于相应工况下的额定值并小于该额定值的110%时，显示器"110%"灯亮，同时力矩限制器主机上蜂鸣器长鸣报警，继电器动作，起升及起重臂增大工作半径的操作将会自动停止，但机构可做下降和减小幅度方向的运动，防止司机失误或野蛮操作造成危害性事故。

2.起重量限制器

起重量限制器的作用是限制塔式起重机的最大起重量，防止过载，保护塔机的起升机构不受破坏。当起升载荷超过额定载荷时，起重量限制器能输出电信号，切断起升控制回路，并能发出警报，达到防止起重量超载的目的。起重量限制器有机械式和电子式。机械式起重量限制器有测力环型、弹簧秤型等。

（1）机械式测力环型起重量限制器。测力环型起重量限制器结构与安装部位：当塔式起重机吊载重物时，滑轮受到钢丝绳合力作用，将此力传给测力环，测力环外壳产生弹性变形（测力环的变形与载荷成一定比例）；根据起升荷载的大小，滑轮所传来的力大小也不同。测力环外壳随受力产生变形，测力环内的金属片与测力环壳体固接，并随壳体受力变形而延伸。此时根据荷载情况来调节固定在金属片的调整螺栓与限位开关距离，如载荷超过额定起重量就使限位开关动作，从而切断起升机构的电源，达到对起重量超载限制的作用。

（2）电子式起重量限制器。电子式起重量限制器克服了机械式起重量限制器体积大、质量大、精度低等缺点，并可以随时显示起吊物品的质量，近年来，已成为塔式起重机新型超载保护装置。电子式起重量限制器可以根据预先调整好的起重量来进行控制。一般把它调节为额定起重量的90%报警，额定起重量的110%切断电源。电子式起重量限制器主要由载荷传感器、电子放大器数字显示装置、控制仪表等组成一个自动控制系统。

3.起重力矩限制器与起重量限制器的区别

起重力矩限制器是限制塔机的起重力矩不超过最大额定起重力矩，当起重力矩大于相应工况下的额定值并小于该额定值的110%时,应切断上升和幅度增大方向的电源,但机构可做下降和减小幅度方向的运动。起重力矩限制器主要保护起重机结构,通过同时切断上升及增幅方向电源来限制超载,其危险部位是靠近最大起重量相应最大幅度至臂端位置。

起重量限制器是限制塔机的起重量不超过最大额定起重量,起重量限制器主要保护的是提升系统。通过切断上升方向的电源来限制超载,危险部位位于臂根位置,起重量限制器行程开关动作的信息来源于起升机构的钢丝绳,它与起重量的大小有关。每套起重量限制器上均安装了两只行程开关。一只用于控制起升机构由高速转换为低速,另一只用于控制塔机的最大起重量,当达到额定起重量的100%~110%时,就切断起升机构的电源,吊物的重量减少后,才能恢复工作。

4.制动器

塔式起重机在起升、回转、变幅、行走机构都应配备制动器。制动器设置在卷扬机一侧,是卷扬机运行、控速、驻车的配套机构。

5.抗风防滑装置

抗风防滑装置,是指防止塔机运行部件受到风载情况时处于静止状态下驻停不变的一种装置。包括缓冲器、止挡装置、夹轨器、清轨板等。

夹轨器、清轨板:主要设置在轨道式塔机上,夹轨器(亦称抓轨器)是防止塔机在非工作状态下停止(驻车)在轨道上滑移的装置。清轨板是在塔机大车运行机构与轨道之间设置清除轨道障碍的装置,清轨板与轨道之间的间隙不应大于5 mm。塔机轨道夹轨器分为手动式和电控式。

6.电气系统保护装置

(1)短路保护:电机应具有短路保护,在电机内设置热传感元件、热过载保护的其中一种或一种以上保护,具体选用应按电机及其控制方式确定。

(2)线路保护:所有外部线路都应具有短路或接地引起的过电流保护功能,在线路发生短路或接地时,瞬时保护装置应能分断线路。

(3)错相与缺相保护:塔机应设有错相与缺相、欠压、过压保护。

(4)零位保护:塔机各机构控制回路应设有零位保护。运行中因故障或失压停止运行后,重新恢复供电时,机构不得自行动作,应人为将控制器置零位后,机构才能重新启动。

(5)失压保护:当塔机供电电源中断后,各用电设备均应处于断电状态,避免恢复供电时用电设备自动启动。

(6)紧急停止:司机操作位置处应设置紧急停止按钮,在紧急情况下能方便切断塔机控制系统电源。紧急停止按钮应为红色非自动复位式。

(7)预减速保护:塔机具有多挡变速的变幅机构,宜设有自动减速功能,使变幅到达极限位置前自动降为低速运行。塔机具有多挡变速的起升机构,宜设有自动减速功能,使吊钩在到达上限位前自动降为低速运行。

(8)超速开关:对动臂变幅机构,应设置超速开关。超速开关的整定值取决于控制系统性能和额定下降速度,通常为额定下降速度的1.25~1.4倍。

(四)监控系统

塔机安全监控系统是对塔机重要运行参数进行监视与控制,具备显示、记录、存储、传输及控制功能的系统。安全监控系统应当具有超载报警、限位报警、风速报警、超载控制、区域防碰撞、实时数据显示、历史数据记录等功能。

1.塔机安全监控系统作用

安装塔机安全监控系统,建立塔机远程监控管理平台,对塔机的工作过程进行全程记录和实时监管,对操作者技能、工作效率、有无违章劣迹等提供有效数据,实现建设主管部门和企业对施工现场塔式起重机运行状态的实时监控,提高安全管理效率。塔机安全监控系统具有显示与预警、存储、数据传输、起重量限制、起重力矩限制、高度限制、变幅限制、角度限制等功能。

2.塔机安全监控系统要求

(1)超载预警保护:当起重吊物达到额定起重力矩或额定起重量的 90%以上时,系统会向司机发出断续的声光预警;达到额定起重力矩或额定起重量的 110%时,系统将实现危险操作行为的自动控制,只允许下降或减小幅度方向的运动,不允许向上或增大幅度方向的运动。

(2)群塔作业碰撞预警保护:塔机群塔作业时,群塔之间存在起重臂与起重臂、起重臂与钢丝绳、起重臂与平衡臂、起重臂与塔身等多种碰撞安全隐患,当塔机起重臂运行过程中可能出现碰撞危险时,系统将根据设定的角度、距离,向司机发出断续或连续声光报警。当塔机起重臂达到碰撞设置极限值的时候,系统将自动控制起重臂回转,允许起重臂向安全方向回转,不允许起重臂向危险方向运转。

(3)静态区域限位预警保护:当塔机起重臂作业覆盖范围内有建筑物、高压输电线、道路、学校等特定区域时,系统将根据设定的角度、高度、距离对特定区域进行保护,不允许塔机起重臂从任何方向进入该静态区域。当起重臂回转接近静态区域时,系统向司机发出断续或连续声光报警,当塔机达到静态区域设置极限值的时候,系统将自动控制起重臂、吊绳、吊钩的运行方向,只允许向安全方向运行,不允许向危险方向运行。

(4)风速预警保护:塔机应在起重臂与根部铰点高度大于 50 m 处安装风速仪。塔机运行时,当风速超过 4 级(大于 7.9 m/s)时,系统进行声光预警;当风速超过 6 级(大于 13.8 m/s)时,系统进行停止作业的报警。

(5)远程网络实时在线监控:将所有监控到的参数信息传输到各有关部门的监控管理平台,采用不同的设备归属单位使用网页登录方式,并根据登录用户的权限密码,实现分区域、远程监控、设备管理、信息查询和发布等,满足不同监控群体的需求。

二、力矩限制器的检查和维护

(1)经常检查力矩限制器的调节螺栓是否锈蚀,力矩限制装置是否起作用。

(2)经常检查 3 个限位开关的使用情况,如发现动作触点阻卡现象应立即更换。

(3)检查弓形板有无明显变形、弹性是否良好,弓形板和限位开关安装座板、调节螺栓等应有足够的刚性和稳定性,确保在使用、运输中不易损坏、变形和失效。

（4）发现力矩限制器的调节螺栓锈蚀时应及时更换,调节螺栓的防松螺母应及时紧固。

（5）3个行程开关应加罩壳或用防雨布。

（6）运输中应采取临时加固措施,确保弓形板和限位开关安装座板等不损坏、不变形。

三、起重量限制器的检查和维护

（1）检查螺杆与开关触点位置的锈蚀情况。

（2）检查行程开关的损坏情况。

（3）检查各微动开关的重量与速度的对应情况。

（4）发现起重量限制器的调节螺栓锈蚀时应及时更换,调节螺栓的防松螺母应及时紧固。

（5）行程微动开关损坏,应立即更换。

（6）起重量限制器的微动开关调节,应严格按使用说明书的要求执行。

四、起升高度限位器、幅度限位器、回转限位器的检查和维护

（1）检查螺杆与开关触点位置的磨损情况。

（2）检查连接部位的损坏情况。

（3）发现各限位器的调节螺栓锈蚀时应及时更换,调节螺栓的防松螺母应及时紧固。

（4）行程微动开关损坏,应立即更换。

第四节　电气控制系统的检查和维护

一、操作台的检查和维护

（1）检查操作手柄操作是否顺畅,是否有卡阻现象。

（2）检查操作手柄自动复位是否正常,零位锁是否正常。

（3）检查各操作开关触点开闭是否正常。

（4）检查主令开关是否损坏,接线是否松动。

（5）检查各动作手柄动作是否清晰、正确。

（6）元器件损坏应及时更换,接线松动应及时拧紧。

二、电控箱的检查和维护

（1）检查电控箱的外观是否完整,门锁是否完好,防雨性能是否良好。保持电控箱内部清洁,及时清扫电气设备上的灰尘。

（2）观察接触器的动作是否正常,吸合和释放是否存在不畅现象。

（3）检查变压器温升是否正常。

(4)电控箱内的电线有破损或裸露现象的,应及时包扎或更换。

(5)检查变频器是否正常,变频器的散热和振动是否正常。

(6)检查电箱内的接线端子是否松动。

(7)检查断路器脱扣装置的完好性,保证电控箱内断路器等电气保护装置工作正常。

(8)定期检查电缆线的接线,确保接线无松动现象。

(9)定期检查电控箱的冷却系统(采用变频器的),确保电控箱内的散热通道畅通。

三、电动机的检查和维护

(1)检查电动机三相绕组是否平衡。

(2)检查电动机外壳是否有破损,是否存在进水现象。

(3)检查电动机的机体温升是否过高或有异味,轴承温度是否过高。

(4)检查炭刷接触面是否足够。

(5)检查电动机对地、相间绝缘是否符合要求。

(6)经常检查润滑系统,保证润滑系统可靠可用。

(7)如发现噪声过大(或振动突然增大),应立即采取措施予以纠正。

(8)电动机各部分电刷接触部位要保持清洁,确保电刷接触面积不小于50%。

(9)定期测量电动机的相间和对地绝缘,保证绝缘电阻不小于 0.5 MΩ。

四、电缆的检查和维护

(1)如发现电缆破损,应及时包扎或更换。

(2)测量电缆相间绝缘是否完好,如发现问题,及时处理。

(3)测量电缆对地绝缘是否完好,如发现异常,及时更换或查找问题点进行相应处理。

(4)检查电缆是否有断相,防止设备缺相运行。

五、供电系统的检查和维护

(1)检查供电系统是否符合 TN-S 系统要求。

(2)检查漏电保护器是否正常工作。

(3)定期做接地检查,保证接地电阻不大于 4 Ω。

六、安全监控系统的检查和维护

(1)检查传感器接线是否有误,信号线是否有损伤或断线。

(2)检查 SIM 卡是否插上,是否欠费。

(3)检查显示屏是否损坏,有无磕碰。

(4)检查保护值到达时,输出控制端继电器是否动作。

(5)检查传感器等周边是否有磁场较大的干扰源。

(6)检查各连接部位是否松动或脱开。

七、电气控制系统使用中的检查和维护

(一)检查方法

诊断电气控制系统故障前,维修人员应熟悉电气原理图、了解电气元器件的结构和功能,然后进行故障排查和维护。以下是4种常用的故障检查方法:

(1)测量法。维修人员通过万用表,对设备的电压、回路通断等进行测量,判断设备的故障点。

(2)拆除法。将设备的某一回路(或某一机构)从控制回路中拆除或断开,判断该部分是否存在问题。

(3)短接法。设备出现故障时,试运行短接设备中的某些回路(如力矩限制器、热继电器等保护开关)。设备运转正常,则短接部位存在故障;反复短接,直到找到故障点。

(4)指示灯判断法。维修人员通过程控器上的输入输出动作指示灯的亮与灭,判断故障点在程控器的输入端还是输出端,缩小故障排查范围。

(二)日常检查和维护

(1)每班检查和维护:①通过相位开关和电压表检查各相电压是否平衡,是否存在缺相和电压过低现象。②检查操作手柄自动复位和零位锁是否有效,零位启动保护功能是否有效。③检查电动机运行是否有异响。④检查急停开关是否有效。⑤检查上下支座处电缆是否有扭绞、破裂现象。⑥检查操作手柄操作是否顺畅(有无卡阻),挡位是否清晰。

(2)每月检查和维护:①按每班检查和维护要求进行检查。②检查电控箱内的电气元器件有无异响,接触器有无烧焦痕迹,变压器有无过热现象,如发现问题,及时更换相应电气元器件。③发现电缆、电线破损,应及时包扎或更换。④接线端子、外部接线松动,应及时重新拧紧。⑤检查电动机运行是否有异响和大的振动,电动机的运行温升是否正常。⑥检查电动机和电缆的相间、对地绝缘是否符合要求。⑦测量塔式起重机启动和运行时的电流、电压和电压降是否在合理的范围内。⑧检查制动器是否正常、制动力矩是否足够。

(3)每年(或每次拆卸后)检查和维护:①每月按维护要求进行检查。②检查测量接地电阻是否满足要求(不大于4 Ω)。

八、塔式起重机安全监控管理系统的检查与维护

(一)塔式起重机安全监控管理系统的基本原理和主要功能

1.塔式起重机安全监控管理系统简介

塔式起重机安全监控管理系统由安装在塔式起重机上的硬件设备(俗称"塔机黑匣

子")和远程监控系统平台软件组成,其单元构成包括信息采集单元、信息处理单元、控制输出单元、信息存储单元、信息显示单元、信息导出接口单元等。

2.塔式起重机安全监控管理系统主要工作原理

塔式起重机安全监控管理系统通过安装在塔机上的各类传感器,实时采集塔机作业及工作环境的各项数据,包括起重量、起重力矩、起升高度、幅度、回转角度、运行行程信息、风速、驾驶员身份信息等,通过监控系统主机对数据进行智能分析和处理,对作业行为和环境变化给出危险判断,同时通过 GPRS 将塔机的运行状态数据发送至远程监控系统平台,用于安全管理人员远程监管。

3.塔式起重机安全监控管理系统的主要功能

(1)防超载功能包括塔机起重量限制功能和起重力矩限制功能。将塔机的负载性能表植入塔机安全监控管理系统,当起重量达到塔机当前幅度下的额定起重量或起重力矩限值时,监控系统会发出语音或其他声光预警信号,并切断吊钩上升和幅度增大方向的动作信号,但塔机仍可向下降方向和幅度减小方向运动,直至报警解除后,塔机相应的限制动作解除。

(2)通过安全监控管理系统的无线通信模块,实现塔式起重机机群局域组网,使有碰撞关系的塔机之间的状态数据信息能够交互,当某台塔机安全监控管理系统检测与相邻塔机有碰撞的危险趋势时,能自动发出声光报警,给出图像提示,并输出相应的避让控制指令,避免由于驾驶员疏忽,或操作不当造成碰撞事故发生。

(3)塔机的工作区域内有一些重点区域需要进行保护时,比如高于塔机起重臂的建(构)筑物、居民区、学校、马路、高压线等,需设置限制区。当塔机起重臂、平衡臂或吊钩接近限制区时,监控系统自动发出报警及控制信号,防止其进入限制区后发生碰撞或物体坠落造成安全事故。"角度限制区"是不允许起重臂进入的,在起重臂接近该区域时监控系统会发出报警;"不规则限制区"允许起重臂进入,但不允许吊钩进入,当吊钩接近该区域时监控系统会发出报警。

(4)塔机安全监控管理系统具有自诊断功能,能够在监控系统开机和使用过程中进行自检,在幅度、高度、吊重等重要部位传感器发生故障时给出提示,便于监控系统维保人员准确定位故障点,及时进行维保。

(5)"黑匣子"记录和追溯功能:监控系统实时记录塔机的运行状态,并进行滚动存储。管理人员可通过 U 盘等设备定期下载监控系统的记录,并通过专用软件进行回放操作。当出现安全事故时,可通过读取"黑匣子"记录的实时数据对塔机的运行状态进行分析,作为事故分析的辅助,对事故发生时塔机的工作状态进行追溯。

(6)驾驶员管理功能:通过在塔机安全监控管理系统中增加身份识别(IC 卡识别、指纹识别、人脸识别、虹膜识别等)传感器,可以实现对塔机司机的管控,监控系统会自动要求对塔机司机身份进行验证,只有通过身份验证的驾驶员,才能操作塔机。

(二)塔式起重机安全监控管理系统的日常检查与维护

(1)使用单位不得擅自拆卸监控系统构配件。

(2)凡有下列情况时应重新对监控系统进行调试、验证与调整:①在监控系统维修、部件更换或重新安装后;②在塔机倍率、起升高度、起重臂长度等参数发生变化后;③监控系统使用过程中精度变化、性能稳定性不能达到规定要求时;④其他影响监控系统使用的外部条件发生变化时;⑤塔机设备移机或转场安装后。

（3）主机显示器的日常检查与维护主要内容:①注意防水、防尘;②注意散热,不要在主机和显示器通风口上覆盖衣物等;③注意安装位置牢固,如发现有固定松动应及时加固;④注意检查各传感器连接线牢固,如发现有固定松动应及时复位。

（4）外部传感器日常检查与维护主要内容:①检查确认传感器固定是否牢固,安装支架等有损坏时应及时更换;②确保传感器数据线固定平顺,防止被挤压、扯断;③传感器安装有独立导向轮时,注意观察导向轮的磨损程度,达到报废标准时应及时报废;④对于防碰撞设备,驾驶员上班前,应观察显示屏上塔机的位置关系是否和实际一致,能否正确接收到其他塔式起重机的状态数据,发现通信异常时应及时通知监控系统维保人员排除故障。

第三章 周转材料和小型机具管理

第一节 周转材料和小型机具的定义

一、周转材料

(一)周转材料的概念

广义上的周转材料,是指企业能够多次使用,但不符合固定资产定义的材料,如为了包装本企业产品而储备的各种包装物、各种工具、管理用具、玻璃器皿、劳动保护用品,以及在经营过程中周转使用的容器等低值易耗品,包括建造承包商使用的钢模板、木模板、铝模板、脚手架等其他周转材料。狭义的周转材料,是指施工企业施工生产用的周转材料,包括模板、挡板、脚手架料等。

一般对于建筑施工企业,是指狭义的周转材料,即在施工生产中可以反复使用,而又基本保持其原有形态,有助于产品形成,但不构成产品实体的各种特殊材料。

在特殊情况下,由于受施工条件限制,有些周转材料是一次性消耗的,其价值也就一次性转移到工程成本中去,如大体积混凝土浇捣时所使用的钢支架等在浇捣完成后无法取出,钢板桩由于施工条件限制无法拔出,个别模板无法拆除等。也有些因工程的特殊要求加工制作的非规格化的特殊周转材料,只能使用一次,这些情况虽然核算要求与材料性质相同,实物也做销账处理,但也必须做好残值回收,以减少损耗、降低工程成本。

周转材料的种类是否先进及其管理水平的高低,不仅影响到该项目整体的经营成果,还关系到一个项目的施工文明和安全的程度,更直接反映出了企业施工技术的优劣。因此,做好周转材料的管理工作,对施工企业来讲至关重要。

(二)周转材料的特征

实际工程中,周转材料一般作为特殊材料由材料部门设专库保管。周转材料种类繁多,而且具有通用性,价值转移方式与建筑材料有所不同,一般在安装后才能发挥其使用价值,未安装时形同普通材料。

周转材料的特征如下:

(1)与低值易耗品相类似。周转材料与低值易耗品一样,在施工过程中起着劳动手段的作用,能多次使用而逐渐转移其价值,因此与低值易耗品相类似。

(2)材料的通用性。周转材料一般要安装后才能发挥其使用价值,未安装时形同普通材料,为了避免混淆,一般应设专库保管。

（3）列入流动资产进行管理。周转材料种类繁多，用量较大，价值较低，使用期短，收发频繁，易于损耗，经常需要补充和更换，因此还得将其列入流动资产进行管理。

（4）价值转移方式不同。建筑材料的价值一次性全部转移到建筑产品价格中，并从销售收入中得到补偿。周转材料及工具依据在使用中的磨损程度，逐步转移到产品价格中，从销售收入中逐步得到补偿。

垫支在周转材料及工具上的资金，一部分随着价值转移脱离实物形态而转化成货币形态；另一部分则继续存在于实物形态中，随着周转材料及工具的磨损，最后全部转化为货币准备金而脱离实物形态。因此，周转材料及工具与一般建筑材料相比，其价值转移方式不同。

（三）周转材料的分类

施工生产中常用的周转材料包括定型组合钢模板、滑升模板、胶合板、木模板、铝模板、竹木脚手架、钢管脚手架、整体脚手架、安全网、挡土板等。

1.按周转材料的自然属性分类

（1）金属制品：如钢模板、铝模板、钢管脚手架等。

（2）木制品：如木脚手架、木跳板、木挡土板、木制混凝土模板等。

（3）竹制品：如竹脚手架、竹跳板等。

（4）胶合板：如竹胶合板、木制胶合板等。

2.按周转材料的使用对象分类

（1）混凝土工程用周转材料：如钢模板、铝模板、木模板等。

（2）结构及装饰工程用周转材料：如脚手架、跳板等。

（3）安全防护用周转材料：如安全网、挡土板。

（四）周转材料的管理实施

1.周转材料管理的意义

（1）有利于实现同一企业之间的资源共享，避免资源重复购置形成成本重复投入。周转材料的统一管理可以实现统一协调下全企业范围的资源调剂，供需明晰，从而保证周转材料在全企业层面上各需求单位之间的有序流动。

（2）有利于实现与供应商之间的战略合作联盟，形成双赢的战略体系。可以通过集中采购的形式筛选和建立战略合作伙伴，形成彼此信任的、长期的合作关系，最终达到相互依赖、合作共赢的局面。

（3）有利于降低企业工程成本，实现企业与项目的利润最大化。通过制定合理的奖惩办法可以激发物资管理人员的工作热情，提高他们的工作责任感，进而提高作业人员的技术水平和操作能力，提高周转材料的周转效率，降低损耗率，实现周转材料效益的最大化。

（4）有利于项目合理调配资金，降低流动资金的投入。企业内部之间周转材料的调拨调剂，可以使项目从财务管理环节避免新购置周转材料而形成大量材料成本的现金支出，从而合理调剂生产资金，保证生产所需。

2.周转材料管理中存在的问题

建筑施工企业在周转材料管理中主要有以下几个方面的问题：

(1)周转材料管理制度不健全。无专职管理机构,人员或机构不健全,供应、财务、使用单位之间互不联系,只有财务部门有账,器材和使用单位无账无卡,无专人负责保管,造成周转材料丢失、损坏、损失严重。材料管理人员素质偏低,材料员随意报计划,收发材料把关不严,不按规定认真盘点。

(2)摊销方法单一,不利于进行正确的施工成本核算;周转材料摊销是计入工程施工中的直接材料,是施工成本的一项直接费用,其摊销方法是否合理,直接影响着各项目成本的高低。在现实工作中,一些施工企业为了会计核算简便,对所有的周转材料均采用同一种摊销方法,致使各工程项目负担的周转材料摊销额不符合权责发生制及受益与负担配比的原则。

(3)价值管理与实物管理存在脱节的现象。在实际中,有些施工企业将所有的周转材料均采用一次摊销法摊销与核算,即在领用周转材料时就将其价值一次全部计入成本。采用此种摊销方法进行财务处理的结果是致使那些价值较大、使用期限较长的周转材料的价值管理与实物管理脱节。即周转材料的价值已全部转入工程成本中了,但实物仍然存在。由于这些已领用的周转材料价值在账上已经无记录了,所以使其变成了账外资产,从而使周转材料的价值管理与实物管理脱节,不利于对周转材料的管理。

(4)存在闲置现象,不能充分提高使用效益。由于施工企业的生产经营属于季节性生产,受季节影响较大,因此有淡季与旺季之分。施工企业的周转材料有时紧缺不足,有时剩余闲置。有些施工企业在生产淡季不能将剩余闲置的周转材料充分加以利用(如出租等),而是放入仓库储存,造成资金闲置。有时材料信息不对称,哪里需要使用不清楚,也会造成闲置。另外,大型周转材料由于受项目类型所限,一旦项目施工完毕而企业同类型施工项目未有接续,易形成周转材料闲置,场地租赁、维修保管费用增加,形成项目后期二次成本。

(5)周转材料积压、浪费,占用资金,工程成本增加。施工企业的周转材料浪费现象比较常见,如有些周转材料属于专用周转材料,一项工程用完后,在短期内可能其他工程项目不需要,所以就将其报废,或以很低的价格出售;也有一些工程项目工地上的周转材料用完后不及时收回,或没到报废程度就随意报废等。项目管理者对保有的周转材料管理认识不够,没有从企业利益全盘考虑提高管理效率,责任意识淡薄,周转材料使用过程中管理粗放,损耗率极高,造成使用寿命缩短,周转率较低,不能真正实现二次效益的产生。

(6)运费成本突出。一些大型周转材料本身体积较大、单位体积较轻,如远距离跨项目运输则运输成本较高,加上二次整修及吊装费用,接收项目成本较大,有时候得不偿失。

3.周转材料的管理内容

(1)周转材料的使用管理是指为了保证施工生产顺利进行或有助于建筑产品的形成而对周转材料进行拼装、支撑、运用及拆除的作业过程的管理。

(2)周转材料的养护管理是指例行养护,包括除去灰垢、涂刷防锈剂或隔离剂,以保证周转材料处于随时可投入使用状态的管理。

（3）周转材料的维修管理是指对损坏的周转材料进行修复，使其恢复或部分恢复原有功能的管理。

（4）周转材料的改制管理是指对损坏或不再使用的周转材料，按照新的要求改变其外形。

（5）周转材料的核算包括会计核算、统计核算和业务核算三种核算方式。会计核算主要反映周转材料投入和使用的经济效益及其摊销状况，是资金（货币）的核算。统计核算主要反映数量规模、使用状况和使用趋势，是数量的核算。业务核算是材料部门等根据实际需要和业务特点而进行的核算，包括资金的核算和数量的核算两方面内容。

4.周转材料的管理方法

为了提高周转材料的管理水平，为企业节约成本、提高经济效益，可以采用如下周转材料的管理方法：

（1）周转材料的需求量由施工技术部门提出，物资部门据此编制备料计划并组织供应。因为周转材料是重复使用的，每次使用时间有长有短，且施工企业任务变化大，各工程所需周转材料品种、数量不同。如果计划不周全，将会造成因某项工程购置的材料在工程结束后大量闲置，同时资金被占用。那么如何避免这种情况，做到用最省的周转材料按期、保质、安全地完成工程，企业应注重从以下两方面入手：

①优选施工方案：工程主体材料用量是由设计图纸和定额计算出来的，而周转材料的用量，很大程度上取决于施工方案。关键取决于工程技术人员在编制施工方案时，要尽量考虑在不影响工程进度和不增加施工费用的条件下，选择使用周转材料最省的方案。如在组织施工时将一次支模改为分次支模就可节省大量支架和模板。在选择材料时，应尽量选用企业现有材料，减少材料闲置。对一些不常用和特殊规格材料应避免选用，以免购置后使用机会不多，造成闲置，占用资金。

②做好备料计划：物资人员必须时刻掌握企业周转材料动态，并要深入施工现场，熟悉施工方案的同时更要了解工程进度，这样才能做好备料计划，组织好供应。在做备料计划时，除遵循一般的原则外，还应注意以下内容：物资部门对各工地的材料要合理调配，以便使现有的材料得到充分利用，避免出现部分工地材料闲置，而一些工地因材料不到位而窝工。当现有材料的品种、规格、尺寸与原申请计划不一致时，应考虑代用。如某工程原计划用杆件支架施工，但现有杆件不够，新购尚需 5 万元，这时建议用工字梁代替，既保证了施工，又节省了资金。当工程规模大，现有材料不够时，除一些必备材料外，对使用时间短的和一些特殊材料，应优先选择租用。

（2）集中规模化管理：

①成立股份制周转材料租赁公司，扩大业务范围，提供增值服务。建立专业化的周转材料租赁公司，不仅可以扩大经营规模，还可以扩大业务范围，提供增值服务。周转材料租赁在优先满足集团内部生产需求的同时，周转材料租赁公司组织人员统一标识，进行维修保养、保管并向集团内各单位和社会市场提供租赁。

②委托管理。各单位委托集团周转材料租赁公司管理经营其全部或部分周转材料。周转材料租赁公司组织人员进行整理、维修保养、保管，并向集团内各单位和社会市场租赁。由周转材料租赁公司向各单位支付折旧费，租赁收益扣除必需的成本支出（含折旧）

后,剩余部分按所投入周转材料数量比例进行利润分配。

③灵活回购。各单位的配件不齐,难以正常使用的部分周转材料可以冲抵部分往来款。回购的部分周转材料经维修配套后,进行租赁经营,以充分发挥该部分闲置资产的作用,满足各施工单位的需求,增强整体经济效益。

④资源、信息共享。为了各单位及时掌握周转材料租赁公司的资源情况,以及周转材料租赁公司及时了解各项目工地的需求情况,以及相互之间迅速有效的沟通,可由集团周转材料租赁公司牵头利用现有的集团内部的物资信息网站,建立专门的周转材料信息平台,从而实现信息与资源的共享。

⑤建立区域周转材料储运基地。为节省周转材料使用成本,利用不同地区物资部门现有场地、储运设施建立起区域周转材料维修储运中心也非常必要。

二、小型机具

小型机具是指未达到组成固定资产条件的小型机电设备和工具等。原则上价值低于 2 000 元的小型设备、工具都可列为小型机具。小型机具共有 5 类,包括小型线路工机具(单轨车、吊轨车、齿条式起道机)、手动工机具(手拉葫芦、各类扳手、小型液压千斤顶)、滑车(提速大滑车、提速小滑车、顶进小滑车)、振捣器(平板振动夯、捣固棒)和电动工机具(小型电焊机、切割机、砂轮机、水泵、钻床、手电钻)等。

(一)机具管理的主要任务

(1)及时、齐备地向施工班组提供优良、适用的机具,积极推广和采用先进机具,保证施工生产,提高劳动效率。

(2)采取有效的管理办法,加速机具的周转,延长使用寿命,最大限度地发挥机具效能。

(3)做好机具的收、发、保管和维护、维修工作。

(二)机具管理的内容

机具管理主要包括储存管理、发放管理和使用管理等。

(1)储存管理。机具验收后入库,按品种、质量、规格、新旧残次程度分开存放。同样,机具一般不得分存两处,并注意不同机具不叠放压存,成套机具不随意拆开存放。对损坏的机具及时修复,延长机具使用寿命,让机具随时可投入使用。同时,注重制定机具的维修保养技术规程,如防锈、防刃口碰伤、防易燃品自燃、防雨淋和日晒。

(2)发放管理。按机具费定额发出的机具,要根据品种、规格、数量、金额和发出日期登记入账,以便考核班组执行机具费定额的情况。出租和临时借出的机具,要做好详细记录并办理相关租赁或借用手续,以便按质、按量、按期归还。坚持交旧领新、交旧换新和修旧利废等行之有效的制度,更要做好废旧机具的回收和修理工作。

(3)使用管理。根据不同机具的性能和特点制定相应的机具使用技术规程和规则。监督、指导班组按照机具的用途和性能合理使用。

（三）机具管理的方法

由于机具具有多次使用，在劳动生产中能长时间发挥作用等特点，因此机具管理的实质是使用过程中的管理，是在保证生产使用的基础上延长使用寿命的管理。机具管理的方法主要有租赁管理、定包管理、机具津贴法、临时借用管理等方法。

1. 机具租赁管理方法

机具租赁是在一定的期限内，机具的所有者在不改变所有权的条件下，有偿地向使用者提供机具的使用权，双方各自承担一定的义务的一种经济关系。机具租赁管理方法适用于除消耗性机具和实行机具费补贴的个人随手机具外的所有机具品种。企业对生产机具实行租赁的管理方法，需要进行的工作包括：建立正式的机具租赁机构，确定租赁机具的品种范围，制定规章制度，并设专人负责办理租赁业务。班组也应指定专人负责租用、退租和赔偿事宜。

2. 机具定包管理方法

机具定包管理是生产机具定额管理、包干使用的简称，是施工企业对班组自有或个人使用的生产机具，按定额数量配给，由使用者包干使用，实行节奖超罚的管理方法。

机具定包管理一般在瓦工组、抹灰工组、木工组、油工组、电焊工组、架子工组、水暖工组、电工组实行。实行定包管理的机具品种范围，可包括除固定资产机具及实行个人机具费补贴的个人随手机具外的所有机具。

班组机具定包管理是按各工种的机具消耗定额，对班组集体实行定包。实行班组机具定包管理，需要进行以下工作：

（1）实行定包的机具，所有权属于企业。企业材料部门指定专人为材料定包员，专门负责机具定包的管理工作。

（2）测定各种工程的机具费定额。定额的测定，由企业材料管理部门负责。

第二节　周转材料和小型机具的配置

一、配置计划

项目工程技术部在项目进场一定时间内，编制项目周转材料、小型机具配置计划，并注明名称、规格、数量、进场时间、使用期限等，项目物资部据此编制周转材料、小型机具配置方案并上报公司，由公司相关部门审批。

二、配置原则

周转材料、小型机具的配置原则是：先内部调剂，后外部租赁（购置）。公司物资设备部根据项目部提报的周转材料、小型机具配置方案，在公司范围内组织有偿调剂或内部租赁，无法调剂和内部租赁时，经公司同意后方可外租（购置）。

三、加工方案

需要加工定制的通用性周转材料、小型机具,须提前向公司提交购置计划申请。设计图纸需项目部报经公司技术中心审核,或由公司技术中心出具设计图纸,经公司总工程师审批后方可定制。按物资集中招标投标程序采购,必要时邀请技术中心专家参与招标评审。

第三节　周转材料和小型机具的摊销与损耗管理

一、周转材料摊销方法

(1)一次摊销法:指在领用周转材料时,将其全部价值一次计入成本、费用,完工时再盘点鉴定折价、冲减成本的方法。此法适用于一些损耗大、收回残值低,不易反复使用和工期在一个年度以内的易腐、易糟的周转材料,如安全网等。

(2)分期摊销法:是根据周转材料的预计使用期限分期摊入成本、费用。此法适用于价值大、连续使用的周转材料,如脚手架跳板、塔吊轨及枕木等。其计算公式为:

$$周转材料每期摊销额=周转材料原值\times(1-预计残值率)/预计使用期限$$

(3)分次摊销法:是根据周转材料的预计使用次数将其价值分次摊入成本、费用。此法适用于价值大、间歇使用或使用次数较少的周转材料,如预制钢筋混凝土构件所使用的定型模板和土方工程使用的挡板。其计算公式为:

$$周转材料平均每次摊销额=周转材料原值\times(1-预计残值率)/预计使用次数$$
$$周转材料本期摊销额=本期使用次数\times周转材料平均每次摊销额$$

(4)定额摊销法:是根据实际完成的实物工程量和预算定额规定的周转材料消耗定额,计算确认本期的摊销额。此法适用于各种模板类的周转材料。其计算公式为:

$$周转材料本期摊销额=本期实际完成的单位工程量\times单位工程量周转材料的消耗定额$$

(5)五五摊销法:指投入使用时,先将其价值的一半摊入工程成本,待报废后再将另一半价值摊入工程成本的摊销方法。此法适用于价值偏高、不宜一次摊销的周转材料。上述摊销方法可以根据单位具体施工情况进行选择,由分管领导组织工程、财务、物资部门共同确定,摊销方式一经确定,不得任意变更。实际工作中,无论采用哪种方法摊销,都不会与实际损耗完全一致,这是由于施工企业都是露天作业,周转材料的使用、堆放都受到自然条件的影响。另外,施工过程中安装拆卸的技术水平、工艺水平,都对周转材料的使用寿命影响很大。因此,企业无论采用何种方法对周转材料进行摊销,都应在工程竣工时或定期对周转材料进行盘点,以调整各种摊销方法的计算误差,确保成本、费用归集的正确性。

二、周转材料、小型机具的摊销原则

合理预测使用年限,加速摊销原则及先冲减成本、后计提收入原则。

三、周转材料、小型机具的摊销及内部租赁

(一)周转材料的摊销

按照规定分期、分批及时进行摊销。采用分期摊销法的,对新购置的周转材料合理预测使用年限(或按摊销年限),执行按月摊销的原则;对内部调剂调入的周转材料,依据调入的价值及使用年限,执行按月摊销的原则。

(1)通用周转材料的摊销。通常单位产品采购制造原值在 5 000 元及以上的,按 5 年摊销期,平均分月摊销;单位产品采购制造原值在 2 000 元以上且在 5 000 元以下的,按 2 年摊销期,平均分月摊销;单位产品采购制造原值在 2 000 元以下的,一次摊销。摊销凭证为物资部门开具的“周转材料摊销单”的,登记“周转材料动态台账”;使用物资管理信息系统时,系统将依据“周转材料摊销单”自动录入“周转材料动态台账”。也可采用加速折旧法:衬砌台车、挂篮、铁路梁模板折旧费可采用加速折旧法。折旧年限按 5 年,第一年计提 35%,第二年计提 25%,第三年至第五年计提 10%,净残值 10%。

(2)非标类周转材料的摊销。对各种一次性投入或按施工方案需特制的周转材料,本单位工程使用完毕后,扣除预计残值外必须全部列入本单位工程成本,如异型钢模板等,在施工期内平均分月摊销完毕,摊销值为原值扣除预计残值部分,处理时其回收值冲减成本。

(3)项目周转材料残值按首次摊销时市场废旧物资价格测定,纯钢制周转材料残值为购置价值的 20%~30%,含机电的钢制周转材料残值为购置价值的 15%~20%,其他周转材料残值为购置价值的 5%~10%。

(4)活动房屋、料棚等临时设施构成周转材料的费用项目,物资部门一次出库列销,财务部门可在待摊费用科目内视成本情况分次或分期摊销,摊销比例应与临时设施计价收入进度相匹配,原则上在本项目完工时摊销完毕;临时设施拆除处理时,由物资部门办理相关手续,回收处理费用由财务部门冲减相关成本。

(5)丢失损坏的周转材料,按剩余价值当月全部列销(丢失的周转材料要查清责任并处理后列销)。

(6)周转材料租赁费用通过开具“周转材料租赁结算单”列销。

(二)小型机具的摊销

对于小型机具的摊销,采取一次性支出成本,处理残值冲减工程成本或通过租赁逐次收取租赁费用的原则。

(1)凡构成固定资产的小型机具,按“固定资产核算管理制度”的规定计提折旧。

(2)非固定资产类小型机具实行一次列销,建立实物账管理,处理残值冲减工程成本。

(3)周转材料必须根据工程进度,按月进行摊销或租赁结算,填写“周转材料摊销单”或“周转材料租赁结算单”,并计入财务成本。摊销时,应采用分次摊销法或分期摊销法摊销列入各使用单位或单项工程,严禁按年度摊销,未完施工项目,在用周转材料不得全部摊销完。对企业自有周转材料、小型机具实行内部租赁时,与使用单位应签订租赁合

同,明确丢失损坏赔偿标准收取租赁费用。内部租赁价格可参考每月的平均摊销费用及相关费用,按月将租赁费转给使用单位。项目部、内部租赁公司或管理单位应制定周转材料、小型机具损坏赔偿标准,如机具发生丢失或损坏,应要求予以赔偿。

四、周转材料、小型机具的核算

(1)通用周转材料调拨时间和费用的界定。无论什么时间调拨交接,接收单位只从下月起承担该材料的摊销和使用费(以双方签认的交接时间为依据)。

(2)经工程(集团)公司批准项目购买或内部调拨的可利用的挂篮、台车、通用周转材料调拨时一般按原值的50%~55%调拨;其他有改造利用价值的非标周转材料,按原值的20%~30%调拨;有使用价值的小型机具和木制周转材料调拨时,按原值的30%~35%调拨。通过财务转接收单位,属于项目自筹资金购置或加工的,调拨时按周转材料调拨金额抵项目货币资金上交,同时调入项目按周转材料调拨金额应相应增减上交款指标。

(3)项目从内部租赁公司或管理单位调入的通用周转材料、小型机具,要与租赁公司或管理单位签订周转材料租赁合同,租赁价格按照企业内部有关规定执行。非标类与木制周转材料按交接给使用项目时新品市场价的90%出售(或按协议租赁)。

(4)凡工程项目租赁的周转材料(小型机具),均按合同(协议)规定结算租赁费并据实按月分摊成本。租赁周转材料(小型机具)交给所属单位使用时,也要办好领用出库手续,开具周转材料(小型机具)领用单并登记,物资部门留存,月底根据出租单位出具的周转材料(小型机具)租赁结算单和发票开具点验单,并根据各使用单位的使用数量将发生的租赁费开具发料(调拨)单,计入各使用单位成本或转账,并建立"周转材料租赁统计表"。使用单位退还时,其实物与物资部门留存的领用凭证相比照,若发生丢失或损坏,按租赁合同的相关条款要求开具丢失损毁扣款单(或调拨单)扣款赔偿。

第四节　周转材料和小型机具的报废处置

一、报废条件

凡符合下列条件之一的周转材料和小型机具,应当报废:
(1)国家明令淘汰报废的。
(2)主要结构和部件损坏严重,无法修复或修复费用过大、不经济的。
(3)无利用、改造价值的。
(4)耗能过大、环境污染超标,无法改造的。
(5)必须拆除且无利用价值的。
(6)因事故及意外灾害造成严重破坏,无法修复的。

二、报废处置

(1)项目对所有周转材料、小型机具均没有报废和处理权。现场周转材料(小型机具)由于周转次数频繁达到或超过规定周转使用期等原因,造成损坏严重无法修复再次利用或无修复价值时,须经项目初步鉴定后编报"周转材料(小型机具)报废(处置)申请表",上报上级物资管理部门审批,待批复后方可对报废的周转材料、小型机具进行处理;具有使用价值的,结合运距等因素综合考虑后,上级物资管理部门做出是否进行回收管理的决定;没有利用价值的,由产权单位或授权委托项目部进行让售处理。

(2)报废的周转材料、小型机具由工程(集团)公司组织或授权委托项目部进行招标或竞价处理,处理价格不得低于当地废旧物资价格,处理时物资部门填写"出售单",登记废旧物资管理台账。如需要财务处理,还需开具发票,收入列为产权单位收入。其残值收入应分别以下列情况进行账务处理:①采用一次性摊销时的账务处理(如小型机具的残值处理),由物资部门与财务部门共同核算后冲减相关成本费用,不得挪作他用或直接冲减其他品种周转材料的账面库存。②采用其他方法摊销时的账务处理(如模板分期摊销),应冲减相关库存残值,残值冲减后仍有余额时,应与财务部门共同办理列销手续。

(3)集团公司直管项目由集团公司项目部统一购买且未转账产权属于集团公司的周转材料,在处理时使用单位应先向集团公司项目部申请,征得同意后,再向集团公司报告,以集团公司业务部门的批复意见为准。

第四章　物资验收和质量管理

第一节　物资验收的基本要求

物资验收是现场物资管理人员依据进料凭证、技术证件、合格证、质量标准等，借助于检验合格的计量器具及其他检验手段，按一定的程序对入库物资进行数量和质量验收工作的总称。物资验收入库是储存活动的开始，是划清企业内部与外部物资购销经济责任的分界，可防止进料工作中的差错和事故，并对运输、采购等工作进行监督，是物资进入现场的"关口"。严格的检查验收可以防止出现数量和质量差错，杜绝不合格的物资入库。物资验收工作的基本要求是准确、及时、严肃。

（1）准确。物资验收人员要对入库物资的品种、规格、型号、质量、数量、包装、价格及成套产品的配套性认真验收，做到准确无误；执行合同条款的规定，如实反映验收情况，切忌主观臆断和偏见。

（2）及时。物资验收人员要对到达的物资及时验收，不得拖拉，在规定时间内验收完毕，并填写验收记录，组织入库。验收时如发现问题要及时提出，并协助处理，不得办理入库。

（3）严肃。物资验收人员要有高度的责任感、严肃认真的态度、无私的精神，严格遵守验收制度和手续，对验收工作负全部责任。总之，物资验收工作要把好"三关"，做到"三不收"。"三关"是质量关、数量关、单据关；"三不收"是凭证手续不全不收、规格数量不符不收、质量不合格不收。

第二节　验收的一般流程

一、验收准备

人员准备：质量验收/存货单位技术人员、装卸搬运人员。资料准备：有关凭证、资料（技术标准、订货合同等）。器具准备：检验工具（衡器、量具），并校验准确。货位准备：存放地点，堆码苫垫材料。设备准备：大批量，必须装卸搬运机械配合，申请调用。

二、凭证核对

材料验收时，核对凭证要对下列单证逐一核查、比对，资料齐全、相符后方能进行实物检验，否则不予验收。货主方面的凭证：入库通知单、订货合同副本和接收货物的凭证。

供货单位方面的凭证:质量证明文件、装箱单、磅码单和发货明细表等。承运单位方面的凭证:货物运单(包括普通记录和货运记录)。

三、实物验收

根据入库单和有关技术资料对实物进行数量和质量的验收。

(1)数量验收。验收人员应采取与供货单位一致的计量方法进行验收,数量验收的计量方法有过磅计重、理论换算、量方求积等。根据供货单位的信誉度、包装状况、批量大小、规格整齐程度,采用抽验和全验。具体方法:计件、检斤、检尺和检尺求积。

(2)质量验收。质量验收是对产品的外观质量和内在质量进行检查测定,以验证其是否符合产品质量标准或合同的要求。一般情况下,物资管理人员只负责外观质量检查,内在质量应会同技术人员共同验收。具体方法:外观检验和测试仪器检验。

四、入库办理

物资验收合格后,验收人员按实收数及时填写"验收记录"(验收单或验收小票),双方签字确认,并加盖验收专用章。填写"进场/入库物资验收登记簿",办理入库手续。"验收记录"是采购人员与仓库保管人员划清经济责任界限的凭证,也是随发票报销及记账的依据。填写"验收记录"和"进场/入库物资验收登记簿"时必须统一名称、统一计量单位,并和原发票核对一致,以便查核。

五、问题处理

验收中,若出现不合格的物资,应该及时填写"不合格物资验收记录",同时按不同情况与供应商协商交涉处理。

(一)数量方面的问题

(1)数量短缺在规定误差范围内的,可按原数入账。

(2)数量短缺超过规定误差范围的,做好验收记录,交主管部门会同货主向供货单位交涉。

(3)数量多于订货量的,做好验收记录,交主管部门会同货主退回多发数,或补发货款。

(4)合同中对磅差有明确规定的,依据合同处理;合同中无明确规定的,钢材及金属制品的数量短缺在合理磅差范围内的,按实收数列账,超过合理磅差的应向供货单位交涉处理,或补足或退款。关于进口物资的磅差处理,按照国家市场监督管理总局有关规定办理。

(二)质量方面的问题

(1)质量不符合规定时,应及时与供货单位联系,一般情况下都是做退货或换货处理,也可在征得供货单位同意后代为修理,或在不影响使用的前提下降价处理。

(2)货物规格不符或错发时,应做好验收记录并交给主管部门办理换货。

(3)验收有差异的物资应加以标识,单独存放,妥善保管,不得入账,原则上不得使用。

(三)凭证方面的问题

(1)证件未到或不齐时,应及时向供货单位索要,到库货物应作为待检验货物存放在待检区,待证件到齐再进行验收。

(2)证件未到之前,不能验收,不能入库,更不能发料。

第三节 验收及检验试验的方式方法

为了保证建设工程的质量,按照国家标准、行业标准及规范等其他行政法规规定,工程用原材料、构配件、半成品必须在使用前对其进行检验、验收,检验、验收合格后方可使用。因此,施工单位物资管理部门在原材料、构配件、半成品进场使用前应对其外观、规格、型号、数量和质量证明文件等进行验收,并按标准规定的要求会同试验人员、监理单位取样进行检验,必要时监理要见证取样、送样及试验全过程。原材料检验、验收分数量验收和质量验收两部分。

一、数量验收

数量验收按下列方式进行:

(1)对用于工程的原材料,应按进场的批次和现行有关标准、规范分批次进行检验、验收。

(2)数量验收分为计量(检尺检斤)验收、计数验收。针对不同种类的物资,可采用计重、计件、理论计算等方法验收数量。砂子、石子、白灰、水泥、外加剂、钢绞线、油料、商品混凝土等,应过磅验收;橡胶支座、锚具等,应点数验收;木材应检尺验收;钢材除盘卷交货的需过磅验收外,其他均检尺验收。对于砂石料、级配碎石、AB 组填料、道砟等,须有两人及两人以上共同验收,并做到一车一票。验收时,必须配备插尺进行量方或过磅计量。卸在施工现场的物资,由物资人员及施工班组参与共同验收,填制"工地物资验收登记簿"。砂石料、级配碎石等进搅拌站使用的物资,应采用过磅方式验收,开具"大堆料过磅验收单",同时填制"物资验收登记簿"。

钢材验收时,无论合同规定的是检尺计量还是过磅计量,都需要过磅复核。如经现场过磅复核后,误差在规定范围内,经办人员和施工班组有权领料人才能共同验收;如超过规定范围,须现场查找原因,并提出解决方案,做好记录,双方签字后才可当场开具物资验收交接单。对数量短缺及与采购计划不符的物资,应及时与供应商联系查找原因,及时办理退货、换货、索赔等事宜。进场验收符合规定标准的物资,结算时收回供应商的"物资验收单",审核供应商发票,填制"收料单"和"工地物资验收登记簿"等单据及台账。项目分部物资部长应及时审核"收料单",检查进场物资品种规格、单价等是否与合同、计划、发票及"物资验收单"一致,审核无误后签字确认。

（3）对采用计数检验的项目,应按抽查点数符合标准规定的百分数检查。

二、质量验收

项目部物资人员对进场物资初验合格后,通知试验人员检测,按相关批次要求填制"检验/试验委托单",并建立"物资送检台账"。委托单交接时,需要交接人员同时办理交接手续,做好记录。对初验不合格的物资,物资人员有权直接退料并做好记录。对已进场无产品质量证明文件的物资、外观质量有明显缺陷的物资,要及时获取试验报告。经理化检验或试验不合格的物资应给予标识,单独存放,禁止发放和使用。

（一）物资取样

物资取样原则:样本具有真实性和代表性。常规取样应注意取样数量、取样部位、批次划分、标准选用及特殊样品的要求。

（二）各部门对应职责

物资部门:原材料进场后按批次填写委托单并签字。作业队:钢筋焊接;机械连接;路基填筑,每压实层(制件填委托单)。工程部门:对取样代表性负责,并在委托单上签字(取样人)。实验室:接收委托单及样品,及时进行检测并反馈结果,对检测结果负责。

（三）几种主要物资的验收方法

1. 钢筋

每批钢筋由同一牌号、同一炉罐号、同一规格、同一交货状态组成,每60 t为一个验收批(不足60 t也为一批),超过60 t的部分每增加40 t(或不足40 t的余数),增加一个拉伸试验试样和一个弯曲试验试样。钢筋在运输、储存过程中应防止锈蚀、污染,避免压弯,进场后必须全数检尺或过磅,并对其外观质量进行验收,钢材表面不得有锈蚀、油污、弯曲、划痕、麻点等缺陷,若发现不合格现象,不得进场。此外,还应核对质量证明书、品种规格、数量、炉(罐)号和出厂日期等。在外观检查合格的每批钢筋中任选两根,先在钢筋或盘条的端部至少截去50 cm,然后每根钢筋不同部位各截取两段50 cm试件,分别做拉伸试验(含抗拉强度、屈服点、伸长率)和冷弯试验。

2. 水泥

（1）袋装水泥。每200 t为一批,不足200 t按一批计。在车上或入库后点袋计数,同时对袋装水泥进行抽检。进场水泥必须有水泥生产厂提供的全项指标的质量证明书,验收人员应核对生产厂名、强度等级、出厂日期、出厂编号、数量、包装和质量证明书等,检查是否受潮结块。每批次随机从袋装水泥堆放处取不少于20 kg的样品进行检验。

（2）散装水泥。同厂家、同品种、同编号、同生产日期且连续进场的散装水泥,每500 t为一验收批,核对出厂磅单计量净重,同时重新过磅检验毛重(卸车时要卸净,压力表为零,管口无粉料表明卸净),最后过磅回皮重检验净重。进场检验同袋装水泥。

取样方法:取样应有代表性,可连续取,也可从 20 个以上不同部位取等量样品,总量至少 14 kg。

3.粉煤灰

连续供应、相同等级的粉煤灰,每 500 t 为一验收批,每批取试样一组(不小于 1 kg)。进场时应核验生产厂的质量合格证件及检测报告,检查是否受潮结块。取样方法:散装粉煤灰取样,从不同部位取 15 份试样,每份 1~3 kg,混合拌匀后按四分法缩取出 1 kg 送检(平均样)。

4.矿粉

连续供应、相同等级的矿粉,每 200 t 为一验收批。进场时应核验生产厂的质量合格证件及检测报告,检查是否受潮结块。

取样方法:取样应有代表性,可连续取,也可从 20 个以上不同部位取等量样品,总量至少 20 kg,混合均匀后按四分法缩取出比试验所需量大 1 倍的试样(平均样)。

5.外加剂

以聚羧酸减水剂为例,同厂家、同品种、同编号的减水剂每 50 t 为一批,不足 50 t 时也按一批计。采用过磅计量,同时对其进行抽检。减水剂每一批号取样量不少于 5 kg。

检测项目:固含量、密度、pH 值、水泥净浆流动度、减水率、泌水率比、凝结时间差、抗压强度比、含气量、氯离子含量和碱含量等。

6.碎石

以同产地、同规格分批验收,每 400 m³ 或 600 t 为一个验收批,不足数量时也按一个验收批进行验收。进场时先目测是否有泥团、木棍、乱草、冰雪等杂物,针片状含量是否过多,以及级配是否合适。外观检测合格后进待检仓,再进行取样,送至实验室检验。

取样方法:在料堆上从 5 个不同的部位抽取大致相等的试样 15 份(料堆的顶部、中部、底部),每份 5~40 kg,然后缩取出 40 kg 或 80 kg 送检。

检测项目:筛分析、表观密度、含水率、吸水率、堆积密度、紧密密度、含泥量、泥块含量、针片状含量、压碎指标、硫酸盐及硫化物含量、碱活性和粗集料坚固性等。

7.砂

以同产地、同规格分批验收,每 400 m³ 或 600 t 为一个验收批,不足数量时也按一个验收批进行验收。进场时先目测是否有泥团、木棍、乱草、冰雪等杂物混入,细度是否合适,以及卵石是否过多。外观检测合格后进待检仓,再进行取样,送至实验室检验。取样方法:在料堆上从 8 个不同部位抽取等量试样(每份 11 kg),然后用四分法缩取出 20 kg。

检测项目:筛分析、表观密度、吸水率、堆积密度、紧密密度、含水率、含泥量、泥块含量、有机物含量、硫酸盐及硫化物含量、碱活性、氯离子含量和云母含量等。

8.油料

油料验收应进行过磅复核,加油车由驻地出发前应过磅计重,加完油回到驻地后再次过磅,打印磅单,对当日的加油记录进行对照核算,同时每半个月对加油计量器具进行校核,并做好记录,保证计量准确。油料入库前,应对油料取样封存,以便油料质量出现问题时查找原因。

三、委托检验

委托检验是指企业为了对其使用的原材料、零部件和生产、销售的产品质量监督和判定,委托具有法定检验资格的检验机构进行检验。检验机构依据标准或合同约定对产品检验,出具检验报告给委托人,检验结果一般仅对来样负责。

1993年,伴随着《中华人民共和国产品质量法》的出台,我国确立了以监督抽查为主的质量监管政策,在保障产品质量、维护消费者权益方面起到了不可或缺的作用。然而,随着社会的进步和经济的发展,产品的丰富程度和人民的消费要求有了前所未有的提高,使得以监督抽查为主的国家质量监管工作遭遇了很大的困难。特别是在经济欠发达地区,由于财政困难,无法为监督抽查工作提供专项资金支持,质量监管工作很难实施到位。一方面,政府、企业、人民群众对于产品质量的要求有了前所未有的提高;另一方面,地方财力等原因使得以监督抽查为主的质量监管体系出现了很大的问题。在这样的背景下,全国各地如雨后春笋般出现了大量委托检验机构。在一段时间内,这些检测机构的出现,为保证政府监管、维护消费者权益、提高企业质量意识找到了一个很好的契合点,既保证了产品质量,促进了社会平稳健康发展,又避免了政府质量监管方面财政投入不足的尴尬。委托检验机构是国家在质量监管政策、方式方法上的一个尝试,希望将质量责任由政府监管监督抽查为主转向以企业自觉委托检验为主。委托检验不同于监督抽查和执法检查,是企业的自主自愿行为。随着社会的发展和进步,人们对产品的要求已不仅仅限定于外观和耐用性,而是将环保、健康、节能等作为选择产品的主要依据。委托检验是产品质量检验的一种重要方式,不仅有效地利用了政府资源,提高了仪器设备利用率,也为企业加强质量控制、促进科技研发、增强产品竞争力提供了强有力的技术支持,成为当前商品贸易过程中企业规避风险经常采取的手段和做法。委托检测的注意事项:检测单位资质应符合要求;填写委托单时应标明产地、型号规格、进场时间、批号、代表数量和出厂时执行的标准,并附带出厂合格证的复印件。

第四节　验收过程中应注意的问题

一、进场验收的盲点

(1)物资验收的时间。物资采购到货以后,需要对物资进行及时验收,最好在物资进场时立即进行。所以,约定验收时间非常必要,以免物资进场时,另一方没有时间对物资进行验收,影响施工进度。

(2)物资验收时,合同中规定的验收人员必须到场,并负起验收的责任。

(3)验收程序必须严格。验收人对合同中规定的每一个约定都应该进行必要的检查,如物资质量、规格、数量等。

(4)合同中规定的验收人应在验收单上签字。如果检查结果合格,验收人应该在验收单上签字。

二、送检程序的盲点

我国企业逐步建立现代供应链体系后,产业链上的各道工序被分割,其中存在的种种问题也深藏在各个环节之中。外部监管越来越难发现其中的问题,容易造成监管上的盲区。建设单位、施工单位及工程监理单位未认真履行责任,在线缆进场验收等方面没有严格执行有关管理规定,缺乏及时清除不合格物资的有效机制。个别干部、职工收受钱物,与供应商串通,违规默许其自行抽取样品、送检样品、领取检验报告,导致多个检验把关环节"失灵","问题电缆"在地铁工程建设中畅通无阻。

第五节 物资质量管理

物资是构成工程产品的一部分,物资质量的高低会直接影响整体工程质量。物资质量管理就是为使物资的质量达到规定要求所进行的计划、组织、协调、控制等活动的总称。这就要求企业要建立、健全一套完整的物资质量管理体系,加强物资工作人员的质量意识,在物资供应的全过程中进行监控管理,以实现安全、及时、经济供应,保障工程顺利进行。

一、供应链质量管理

供应链质量管理是对分布在整个供应链范围内的产品质量的产生、形成和实现过程进行管理,从而实现供应链环境下产品质量控制与质量保证。构建一个完整有效的供应链质量保证体系,确保供应链具有持续而稳定的质量保证能力,能快速响应用户和市场的需求,并提供优质的产品和服务,是供应链质量管理的主要内容。

供应链质量管理的策略主要有:

(1)协同研发、创新。协同研发、创新,即邀请供应商参与产品研发和创新过程。这将大大加快制造企业的创新活动,从而使产品质量更优。此外,制造商也可协助供应商改进原材料和包装。供应链企业之间的合作研发是供应链质量管理中广泛采用的方法,有上下游企业之间的合作,也有竞争对手之间的合作,而且越来越强调竞争对手之间的合作。

(2)重建制造商与供应商的关系。以产品为中心的供求关系正逐渐变成以服务为中心的供求关系。由于供应链企业的最终目的是使整条供应链有利于保证质量,因此供应链质量管理将尽可能提供产品所需的服务,而非产品本身。

(3)加强对顾客需求的研究。在供应链质量管理中,对顾客需求的研究是一项十分重要的活动。顾客需求是供应链质量管理的重要输入,是新一轮质量改进的起点。为了使顾客满意,必须不间断地广泛收集、获取顾客的需求信息,缩小与顾客之间的"质量差距"。

(4)充分共享有效质量信息。质量信息是供应链质量管理的重要内容。在供应链质量管理中,供应链上下游企业的质量信息量大而复杂,呈现出动态、多参数、多源头等特点。质量信息不仅来源于产品的设计、检测、销售等部门,而且向产品的整个生命周期和社会延伸,成员企业间在质量活动上的协同必须建立在对质量信息的有效处理之上。因此,质量信息的处理技术不仅要能够对动态的过程参数进行有效的分析,而且要与状态的识别、诊断与控制紧密结合。

(5)改善组织氛围,提升人员素质。供应链质量管理活动涉及不同的组织和人员,和谐的组织和高素质的员工是成功实现质量管理工作的保证。有效的人际关系是质量管理的基础,它对增强员工的质量责任感和关心质量的积极性有重要的影响。

(6)零缺陷质量管理技术。供应链环境下的零缺陷质量管理需要得到先进制造模式的支撑,包括零缺陷设计、制造、管理、信息等流程。许多先进制造技术、零缺陷质量管理技术都是基于信息技术基础之上的,因此信息技术在整个供应链的零缺陷质量管理中扮演着十分重要的角色。

二、TQM

全面质量管理(total quality management,TQM)是以产品质量为核心,以全员参与为基础,目的在于通过让顾客满意和本组织所有成员及社会受益而达到长期成功的一套科学、严密、高效的质量管理体系,可提供满足用户需要的产品的全部活动,是提高企业运营效率的一种重要方法。

(一)工作程序

美国质量管理学家戴明提出了全面质量管理的基本方法和工作程序,他认为质量管理工作程序包括计划(plan)、实施(do)、检查(check)和处理(action)。四个阶段周而复始运转,简称PDCA循环。

(1)计划阶段。包括以下4个步骤:①分析现状,找出质量问题。②分析质量问题,找出影响质量的因素。③根据影响因素制订措施,提出改进计划,并预计计划效果。④制订对策,有了好的方案,其中的细节也不能忽视。计划的内容如何完成好,需要将方案步骤具体化,逐一制订对策。

(2)实施阶段。是根据预计目标和措施,有组织地执行和实现质量控制。

(3)检查阶段。是对计划执行情况进行检验,并发现不足之处。

(4)处理阶段。包括两个步骤:总结成功经验和失败教训,并将成功经验标准化,提出失败的预防措施。对未能解决的问题,应转入下一个循环环节,作为下期考虑的目标。PDCA循环的特点是:按顺序进行,靠组织力量推动,周而复始,不断循环;大环套小环,整个企业的质量管理活动是大环,各部门、科室是独立的小环;螺旋式上升,质量管理不是停留在原地,而是不断总结和提高。

(二)基本要求

(1)全过程的要求。产品质量只是企业生产的最终体现,而它的保证却是通过从市场调研、开发设计、生产制造到销售服务全过程实施有效控制而实现的。

（2）全企业的要求。质量管理的职能是分布在各个管理阶层、各个职能部门的，因此TQM要求企业各个管理阶层、各个职能部门担负起本阶层、本部门的质量管理责任。

（3）全员参加的要求。因为产品质量是企业各个部门、各个环节和各类职工的全部工作质量的综合反映，所以TQM要求上至企业最高领导，下至一线操作员工，人人都应关心产品质量，参加各种质量管理活动。

（4）管理方法的要求。影响产品质量的因素既有物的因素又有人的因素，既有技术的因素又有管理的因素，既有企业内部的因素又有企业外部的因素，因此推行TQM的企业应区别各种因素，因人制宜、因时制宜、因事制宜，采用多种管理技术和方法进行有效控制。

三、六西格玛管理

（一）辨别核心流程和关键顾客

随着企业规模的扩大，顾客细分日益加剧，产品和服务呈现出多标准化，人们对实际工作流程的了解越来越模糊。获得对现有流程的清晰认识，是实施六西格玛管理的第一步。

（1）辨别核心流程。核心流程是对创造顾客价值最为重要的作业环节，如吸引顾客、订货管理装货、顾客服务与支持、开发新产品或者新服务、开票收款流程等，直接关系顾客的满意程度。

（2）界定业务流程的关键输出物和顾客对象。在这一过程中，应尽可能避免将太多的项目和工作成果堆到"输出物"栏目下，以免掩盖主要内容，抓不住工作重点。

（3）绘制核心流程图。在辨明核心流程的主要活动的基础上，将核心流程的主要活动绘制成流程图，使整个流程一目了然。

（二）定义顾客需求

（1）收集顾客数据，制定顾客反馈战略。缺乏对顾客需求的清晰了解，是无法成功实施六西格玛管理的。即使是内部的辅助部门，如人力资源部，也必须清楚了解其内部顾客——企业员工的需求状况。

（2）制定绩效指标及需求说明。顾客的需求包括产品需求、服务需求或者两者的综合。对不同的需求，应分别制定绩效指标。

（3）分析顾客各种不同的需求并对其进行排序。确认顾客的基本需求，这些需求必须予以满足，否则顾客绝对不会产生满意感；确认顾客的可变需求，在这类需求上做得越好，顾客的评价等级就越高；确认顾客的潜在需求，如果产品或服务的某些特征超出了顾客的期望值，则顾客会处于喜出望外的状态。

（三）辨别优先次序，实施流程改进

对需要改进的流程进行区分，找到高潜力的改进机会，优先对其实施改进。如果不确

定优先次序,企业多方面出手,就可能分散精力,影响六西格玛管理的实施效果。业务流程改进遵循五步循环改进法,即 DMAIC 模式:

(1)定义(define)。辨认需改进的产品或流程。确定项目所需的资源;定义阶段主要是明确问题、目标和流程,需要回答以下问题:应该重点关注哪些问题或机会?应该达到什么结果?何时达到这一结果?正在调查的是什么流程?它主要服务和影响哪些顾客?

(2)测量(measure)。定义缺陷,收集此产品或过程的表现做底线,建立改进目标;找出关键评量,为流程中的瑕疵建立衡量基本步骤。人员必须接受基础概率与统计学的训练,学习统计分析软件与测量分析课程。为了不造成员工的沉重负担,一般让具备六西格玛管理实际推行经验的人带着新手一同接受训练,帮助新手克服困难。对于复杂的演算问题,可借助计算工具,以节省时间。

(3)分析(analyze)。分析在测量阶段所收集的数据,以确定一组按重要程度排列的影响质量的变量;通过采用逻辑分析法、观察法、访谈法等方法,对已评估出来的导致问题产生的原因进行进一步分析,确认它们之间是否存在因果关系。

(4)改进(improve)。优化解决方案,并确认该方案能够满足或超过项目质量改进目标;拟定几个可供选择的改进方案,通过各种形式广泛征求意见,从中挑选出最理想的改进方案付诸实施。实施六西格玛改进,可以是对原有流程进行局部的改进;在原有流程问题较多或惰性较大的情况下,也可以进行流程再设计,推出新的业务流程。

(5)控制(control)。确保过程改进一旦完成能继续保持下去,不会返回到先前的状态;根据改进方案中预先确定的控制标准,在改进过程中,及时解决出现的各种问题,使改进过程不至于偏离预先确定的轨道,发生较大的失误。

(四)扩展、整合六西格玛管理系统

当某一六西格玛管理改进方案实现了减少缺陷的目标之后,如何巩固并扩大这一胜利成果就变得至关重要了。

(1)提供连续的评估以支持改进。在企业内广泛宣传推广该改进方案,以取得企业管理层和员工的广泛认同,减少进一步改进的阻力;将改进方案落实到通俗易懂的文本资料上,以便于执行;实行连续的评估,让企业管理层和员工从评估结果中获得鼓舞与信心;任何改进方案都可能存在着需要进一步改进之处,对可能出现的问题,应提前制定应对的策略,并做好进一步改进的准备。

(2)定义流程负责人及其相应的管理责任。采用六西格玛管理方法,就意味着打破了原有的部门职能的交叉障碍。为确保各个业务流程的高效、畅通,有必要指定流程负责人,并明确其管理责任,包括:维持流程文件记录、评估和监控流程绩效、确认流程可能存在的问题、启动和支持新的流程改进方案等。

(3)实施闭环管理,不断向六西格玛绩效水平推进。六西格玛改进是一个反复提高的过程,五步循环改进法在实践过程中也需要反复使用,以形成一个良性发展的闭环系统,不断提高品质管理水平,减少缺陷率。此外,从部分核心环节开始实施的六西格玛管理,也有一个由点到面逐步巩固改进成果、扩大改进范围的过程。

四、现场物资质量管理

（一）物资质量的重要性

质量是企业的生存之本，物资成本在工程项目成本中占比较高，物资质量的好坏直接影响工程质量的优劣。加强项目物资质量的管理，为工程建设提供符合设计要求的物资，是保证工程质量的基础和保障。

（二）全员参与物资质量管理

物资质量管理贯穿于整个物资管理流程中，涉及多个部门，需要项目相关部门共同参加、共同管理。

（1）项目经理。作为物资质量的第一管理者和第一负责人，项目经理要充分认识物资质量的重要性，在质量和成本之间要做好权衡，在保证质量的情况下合理降低成本。

（2）工程部。作为项目的技术部门，工程部要准确提出物资的质量标准和要求，并及时提供给物资部门。

（3）成本（工经）部门。在核算项目成本时，不能一味追求质优价廉，过于压低物资成本。市场经济下商品质量是"一分钱一分货"，讲求的是价格与质量的匹配，不能打破市场规律采购物资；否则，易引发物资质量问题。

（4）物资部。作为物资管理的主责部门，物资部要从源头、进场验收、保管和发放等环节加强物资质量管理；积极开展市场调查，掌握市场资源情况、价格变动情况、价格与质量关系情况等；组织相关部门策划质量管理方案，制定质量控制措施，定期召开质量分析会，及时分析存在的质量问题，提出解决方案，确保物资质量保持稳定。

（5）实验室。作为物资质量管理的主责部门，实验室是物资质量管理最重要的参与者和管理者，要严格按照物资试验检测管理制度管控物资质量；按批次取样检验，严格按照检测操作规程开展检测，出具真实的检测报告。

（6）施工班组。作为最终用料部门，施工班组要把好最后一道关口，物资到达后和使用前要认真核对规格型号和使用部位，严防错领、错用；装卸和搬运时要轻拿轻放，防止造成物资损伤；对于需要暂存的物资，要根据其储存方式合理储存。

（7）其他部门。涉及物资质量管理的其他部门要积极配合主责部门做好物资质量管理工作。

（三）全过程开展质量管理

1.物资质量标准
工程部门要依据工程设计要求提出物资质量标准，并明确适用的标准，有特殊质量要求的，要及时提出。

2.市场调查
要对生产商（供应商）的质量管理体系、质量管理措施和能力进行调查，优先选择质量信誉好、质量管理能力强、有完整质量管理体系的供应商。

3.招标和签订合同

招标文件中要对投标者的质量管理能力等设置准入条件,比如要求有 ISO9000 证书等,防止投标者以不合理低价中标,组织供应不合格物资。招标文件和合同中要明确质量标准和要求,并严格执行。

4.采购

要加强源头控制,物资人员要经常深入生产厂家或储存地进行巡查,检查其生产原料、生产设备、工艺、质量控制措施、检验检测、保管储存是否符合要求,如发现问题要及时督促改正。特别是发现物资质量有波动时,要安排专人驻厂监造,并对其生产原料和成品取样抽检,确保质量稳定、合格。

5.进场验收

进场验收主要包括外观质量验收、资料验证、数量验收。验收人员按照物资合同约定的计量方式、验收时间、物资技术标准及允许偏差范围等进行验收。国家或行业对物资验收另行规定的,还应满足其规定。验收人员要严格按标准验收,按批次及时取样检验,杜绝未检先用。不合格物资绝不能入库使用。为防止供应商用少量合格物资掩盖不合格物资,如粉煤灰、矿粉,应制作特殊取样工具进行深层取样。

6.储存保管

验收合格的物资进场后要妥善保管,否则易变质,影响使用。保管要求如下:

(1)管库人员应按理化性能、包装状况等划区存放进库(场)物资,选择适宜的堆码储存方式,合理苫垫,做到堆码整齐、稳固,预留必要的进出通道。

(2)凡具有保质期限的物资,保管人员应注明有效保管期限。发料时实行"先进先出"原则,并在保质期限内发出使用。

(3)管库人员对各种储存设施应做好日常检查、维护与保养,定期检修,确保设施正常安全使用。

(4)管库人员要经常清点、检查库存物资,严格执行物资盘点制度,填写库存物资清查(自点)记录,保持"账账相符、账物相符"。对盘点出现问题或物资丢失、损坏等情况,应及时写书面报告。

(5)管库人员应妥善保管物资,防止库存物资发生变质、锈蚀、损坏、霉烂、虫蛀等问题,维护其使用价值。保管不善造成的不合格物资,应隔离存放并加以标识,及时上报处置。

(6)甲供物资应单独存放、标识和建账。保管不善造成的不合格物资,应隔离存放并加以标识,及时上报建设单位。物资进场后要按要求进行存放,做到库容整洁、分类堆码、标志清晰,做好苫盖和防潮措施。物资人员要经常开展物资质量巡查,查看现场物资质量状况、验收记录和保管状态。巡查中如发现不合格物资,要及时清理出场,如有未按批次要求检验、未按规定存放和保管等现象,要及时纠正、整改。

(7)发放与使用。项目经理部应建立有权领料制度。领料签字人必须为协作队伍法定代表人或其书面授权人。授权书应经相关部门审核确认,物资管理部门存档备查。受施工现场储存条件的限制,应根据现场实际需要进行物资发放,减少在施工现场的储存。

物资到达使用现场时应尽快使用,必须临时储存时,要按保管要求进行储存保管。发放和使用前要认真核对规格型号和使用部位,严防错发、错领、错用。

(四)物资质量管理措施

(1)明确责任,狠抓落实。项目部要细化招标、源头控制、合同履约、进场检验、储存保管、发放使用和监督检查等各个环节的质量责任和落实措施,明确每个环节的责任人和监管人,做到每个环节有人负责,每项措施有人落实、有人检查,实行"责任倒追"制度,确保物资质量责任落实到位。

(2)积极开展质量活动。结合项目实际,采取各种方式宣传物资质量的重要性,组织物资质量知识培训、学习,开展知识竞赛和质量管理合理化建议等活动,提高全体员工的质量意识和质量管理素质。

(3)加强巡察,及时发现问题。物资人员要定期开展物资源头和现场的巡察,及时发现存在的问题,制定并落实整改方案,严防物资未检先用,严防不合格物资用于工程实体。

(4)建立质量追溯体系。根据 ISO9001 标准要求,建立物资追溯台账,掌握每一笔物资的来源、质量文件、复检报告和使用部位,做到每个环节都可追溯。

(5)加强对供应商的考核。足额收取供应商的履约保证金和质量保证金,建立合格供应商名录,只在合格供应商名录内选择供应商。同时建立质量黑名单,将屡次发生质量问题或对质量问题整改不积极、不到位的供应商列入黑名单,拒绝其参与投标。

(6)持续改进。市场和资源在不断变化,质量标准和要求也不是恒定不变的,因此项目物资质量管理水平也要积极提升。物资部应定期开展市场调查,掌握物资市场和资源状况,定期召开质量分析会,分析质量管理中存在的问题,提出解决方案,结合市场调查结果,根据市场、资源、标准的变化及时调整管理策略和措施。

第五章 自动售检票系统

第一节 自动售检票系统概述

自动售检票系统(automatic fare collection system,AFC 系统)是一种由计算机集中控制的自动售票(包括半自动售票)、自动检票及自动收费和统计的自动化网络系统。城市轨道交通自动售检票系统(AFC 系统)是基于计算机、通信、网络、自动控制等技术,实现轨道交通售票、检票、计费、收费、统计、清分、管理等全过程的自动化系统。可以提高轨道交通的运营效率,满足乘客的快速出行需求,同时也是城市信息化建设的一个重要体现。

随着移动支付方式的发展,自动售检票系统(AFC 系统)呈现出系统架构精简化、实时化、票卡虚拟化、支付多元化、流程简便化、设备轻量化和服务智能化等趋势。二维码购票/过闸等技术已在城市轨道交通自动售检票系统(AFC 系统)中得到了普及,人脸识别、智能客服、语音购票等技术也已在多个城市得到了应用。2022 年上半年,中国自动售检票系统(AFC 系统)市场规模为 6.98 亿元。

自动售检票系统(AFC 系统)属于轨道交通配套行业,在轨道交通行业中发挥着重要作用。欧洲、美国、日本工业化较早,在轨道交通及自动售检票系统(AFC 系统)等方面具备深厚的技术底蕴,诞生了一批全球领先的自动售检票系统(AFC 系统)企业,代表性企业如韩国三星、美国 CUBIC、日本信号等。得益于轨道交通行业的快速发展及技术进步,近年来中国自动售检票系统(AFC 系统)行业发展较快,检票机、售票机等细分产品已经赶超国外企业,且具备较高的性价比优势。

随着城市轨道交通客运量的增加,乘客乘坐轨道交通的安全性成为新的关注点,乘客对更加智能、便捷、高效、安全的 AFC 系统存在明显需求,且随着智慧安检需求和公安安全防范需求的提出,票检(AFC+安检)一体化成为城市轨道交通行业发展的趋势之一。对此,相关企业可开展票检(AFC+安检)一体化方面的探索,以适应未来发展需要。

第二节 AFC 系统结构

AFC 系统自下而上可分为车票、车站终端设备、车站计算机系统、中央计算机系统(线路)和清分系统 5 个层级。车站终端设备连接到车站计算机,车站计算机通过线路骨干网与线路中央计算机相连,各线路中央计算机通过地铁线网络与清分中心相连。AFC 系统要求地铁通信专业主干网提供以太网接口。各个站计算机系统之间,以及和中央计算机系统之间通过主干网实现网络连接。控制中心的中央计算机及各车站的车站计算机系统子网络采用冗余 10 Mbps/100 Mbps/1 000 Mbps 以太网。各种车站终端设备利用串行接口或以太网接口与站计算机通信。AFC 系统内部是一个高度自治的系统,各级之间的联系是一种弱联系,一般 AFC 设备(包括站计算机系统)在通信中断的情况下都可独立工作并保存 7 天以上的数据,通信恢复后数据会自动上传。

一、车票

我国的 AFC 系统在早期曾使用磁卡票,如广州地铁 1 号线、上海地铁 1 号线和 2 号线、北京地铁 13 号线,随着非接触式 IC 卡技术的成熟及乘客在不同线路一票换乘的需求明确,现在国内的 AFC 系统车票全部采用非接触式 IC 卡。非接触式 IC 卡又称射频卡,成功地解决了无源(卡中无电源)和免接触这一难题,是电子器件领域的一大突破,已经广泛应用于各种自动收费系统和门禁系统。从乘客应用角度,车票分为单程票和储值票两种。其中,储值票多采用城市公交一卡通票卡。单程票有筹码式(TOKEN)和卡式两种。车站终端设备包括以下 7 种设备。

(一)自动售票机

自动售票机(automatic ticket vending machine,ATVM)上可以利用硬币、纸币(通过扩充也可使用充值卡或银行卡)购买乘车票和进行增值业务,乘客购买车票可以利用触摸屏或按键进行选择。自动售票机应具有如下功能:高清晰度的 LCD 与触摸屏(或按键组成的操作屏);通过金融系统认证(中国人民银行)的硬币/纸币处理装置;设备内部的模块安装方式便于维护;结构坚固,可承受各种环境条件及外部的冲击或震动;与车站计算机系统和上层系统的通信中断时,可独自运转及自行保管各种资料;考虑银行卡的使用,可安装读卡机;必要时可增加票据打印功能。

(二)半自动售票机

半自动售票机由轨道交通工作人员操作,能对"一卡通"及地铁专用车票进行处理。操作者通过半自动售票机对车票进行分析、更新、加值、替换、退票等交易处理。

另外,可对全部车票的发售数量、客户要求事项及票务管理、管理费用等进行记录。半自动售票机可按安装位置的不同而设置不同的操作类型:非付费区操作模式、付费区操作模式、兼顾非付费区及付费区操作模式。

(三)自动检票机

检票机是乘客通过使用自动售票机发售的票卡及其他交通卡,直接通过被控制的扇门进出付费区所用的设备。乘客手持从自动售票机购买的车票进站时,无须接触检票机前板上部的天线,在一定范围内检票机就可正确阅读所持卡的信息,有效时允许通过,无效或余额不足时禁止通过。乘客到达目的地出站时,如果使用单程票,须将其投入投入口,以便投入口内的天线校验,有效时回收,同时允许乘客出站;出现错误或单程票有异常时,则被返还给乘客,并通过乘客显示器显示信息,引导乘客下一步的操作。

若乘客持定期票或储值票出站,为顺利出闸,要根据乘客显示器的默认,把票卡接近出闸口前部天线一定范围内,使之被正确阅读,检验及编码后,通过方向显示器引导乘客顺利通过。若有非法乘客,可被内部的红外线感应器发现,启动可听、可视的报警装置,通知乘务员及乘客,并且传送到车站计算机,显示在车站计算机的监视器上。若乘客是儿童,则利用安装在检票机上的高度感应器来鉴别乘客是否为儿童,并与普通人拿行李移动的情况加以区别。

车站计算机有紧急按钮,只需操作此键,即可将现有车站的所有检票机转换成非常模式,使付费区内的乘客能通过设在所有检票机出口处的方向指示来获得到自由区的引导信息。非常模式下无须提供储值卡或单程票也可通行。

停电时检票机把已打开的扇门折叠起来,以便乘客自由通过付费区。检票机与车站计算机一般通过以太网相连接,乘客或站务员操作引起的状态(可听、可视的警报信息)都被传送至车站计算机,由管理员监视和控制,所有检票机都可被车站计算机控制并进行操作。

检票机一般以相同的大小分为5个种类:被动型进/出检票机、进检票机、进检票机末端检票机、出检票机、出检票机末端检票机,另外还有特殊通道的双向检票机。天线和读卡模块是检票机的重要部件,一般设计在检票机投入口的前上端,保证美观,并充分利用人体工程学的原理,用便利的角度设计在通道右侧。双向检票机的读卡器,一般设计在两端上面板的右侧。覆盖读卡器的材料一般具有抗磁性的特性,使其在工作时,不会受到其他电子设备的干扰。

(四)自动充值机

在自动充值机上可以使用纸币进行充值卡充值操作,内部设置多种纸币识别模块及充值模块,并可通过增加纸币识别模块增加新的识别币种。工作参数可由车站管理系统设定或下载。机器正面集中化设计出充值所需要的必要提示信息、功能选择、纸币等投入口及充值卡插入口。自动充值机的主要部件包括通过金融系统认证的纸币处理装置、IC卡充值模块。

自动充值机结构的主要特点包括:设备内部的模块采用了倾斜型导轨安装方式,便于维护;结构坚固,可承受快轨内各种环境条件及外部的冲击或震动。

(五)手持式验票机

手持式验票机可检查乘客的乘车票的有效性,可阅读根据业主需要设计成兼容其他种类的车票,并通过手持式验票机的显示器显示各种资料。显示器可显示英文和汉字,并利用手持式验票机的功能键来选择。手持式验票机在非付费区和付费区里都可使用,为了在付费区使用,应设定基本的车站名、日期、时间和票价表等,并可通过设置的通信串口从车站计算机里下载信息。票卡记录查询包括:密钥安全性检查,黑名单检查,票种合法性检查,票卡的使用站名、余额及交易记录检查,有效期检查,非法票检查,过期票检查,未初始化的票卡检查,以及因其他诸多原因不能使用的票卡检查。

用以上判断事项判断出的有问题的票卡,其内容应显示在画面上。判断正确时,其应在画面中显示以下内容:票卡种类、余额或乘车次数、现在闸机通过状态、进/出发日期、场所、乘车票种类、乘/落车日期及时间、截止日期和优惠分数(根据业主制定的优惠制度确定)等。

(六)自动查询机

在自动查询机上可以对充值卡进行查询操作。工作参数可由车站管理系统设定或下载。机器正面集中化设计出查询所需要的必要提示信息、功能选择键和充值卡插入口,为使乘客能顺利地进行操作,自动查询机按人体工程学原理设计,可以最大限度地方便乘客。

(七)车票初始化编码机

车票初始化编码机用来对所有的票卡进行初始化和赋值。根据情况,可对专用票卡进行金额初始化,或把全部信息消除转换成同空白票卡相同的状态,并可对回收票卡和注销卡再次进行发卡登记。编码分拣机在初始化过程中,把票卡物理 ID、逻辑 ID、安全数据、初始化数据及应用系统数据都记录在票卡里。被记录的数据传送到中央计算机的数据库中并进行记录更新。初始化编码机可把混在票箱里的不同种型号的票卡按类别进行分拣。

二、车站计算机系统

车站计算机系统由车站数据库服务器、通信设备和车站操作工作站及其他网络设备构成(有些 AFC 系统中车站操作员站兼作车站数据库服务器),称为车站计算机(SC)。车站计算机接收来自 AFC 设备的数据进行统计处理,存储在自身并传送到中央计算机,保管来自中央计算机的参数数据并传送到车站设备,对车站设备进行控制。车站操作站是车站操作人员监控车站设备的人机对话界面,可通过它监视本站各设备的状态、客流情况、本站的收益及车票管理情况,控制各设备的运行情况,打印相应的报表。

车站设备多可直接接入以太网交换机。站级设备数量可能多达几十台,整条线几百台,网络环境较复杂,为保证站计算机系统的独立性和安全性,一般在站一级使用路由器。如果车站设备层无法实现网络冗余(没有双以太网接口),车站计算机系统子网络就没有冗余的必要,可只使用一台路由器和一台交换机。车站计算机功能较集中,且大部分功能为中央计算机的子集。车站计算机子系统包括以下功能模块:数据库管理模块、数据采集模块、系统运作管理模块、站收益管理模块、参数管理模块、权限管理模块、报表管理模块、操作日志管理模块、系统时钟管理模块、运营结束程序模块,以及与其他系统的接口模块。

三、中央计算机系统

AFC 系统中心控制室的计算机系统主要由中心数据库服务器和中心操作工作站及其他网络设备构成,称为中央计算机系统,或者线路中央计算机系统。中央数据库服务器一般采用双冗余服务器,共享磁盘阵列和磁带机。操作系统和数据库系统平台采用主流的操作系统产品,易于维护。

控制中心中央计算机系统子网络结构较简单,两台冗余服务器分别连接到控制中心的交换机上,确保中央计算机的网络出现故障时不影响数据交换,网络的切换和负载均衡由网卡本身和网卡驱动程序来完成。中央计算机系统如果有和其他局域网通信的必要,需使用路由器,以隔离 AFC 系统和外部网络,保证其安全性。

中央计算机子系统应用软件一般包括以下功能模块:中心数据库管理模块、数据采集模块、系统运作管理模块、收益管理模块、车票管理模块、参数管理模块、权限管理模块、报表管理模块、系统时钟管理模块、日运营结束工作模块、决策支持模块、后台监控模块、密钥管理模块,以及与其他系统的接口管理(清分中心、综合监控等)模块。各模块自成体系,能够独立或相互配合运行。

第三节　AFC 系统功能

一、中央级功能

中央计算机系统是 AFC 系统的核心,主要负责处理来自车站的交易信息,生成必要的管理参数表,并发送到各车站计算机,其中包括车票价目表、黑名单信息、维修报表等。在每天运营结束后,中央计算机分析处理各个车站全天收集的数据,并生成各管理部门要求的所有管理和财务报表。中心操作工作站是中心操作人员的人机对话界面,操作人员的一切操作,如监控整个系统的运作、各个设备的状态、客流情况;设置并下载各种参数;查询收益和车票管理情况;打印各类报表等都是通过中心操作工作站完成的。中心操作工作站应满足多个部门的要求:提供给高层进行远距离监控;提供数据给财务部门做票务报表;提供数据给现金部门做现金数额登记;对操作员的密码和黑名单进行登记注册;为审计部门提供检查票务收入状况的资料;为客运部门提供客流量监控资料;通过系统设备运行状况资料,给维修部门提供停机维修的依据。中央计算机系统应具有如下功能。

(一)数据采集

数据采集包括:收集站计算机、车站设备上传的数据,经过处理生成报告和报表存储在数据库中;把交易数据传送到清分中心。

(二)系统运行管理

系统运行管理包括:监视子系统运行情况、设备状态、网络信息;控制子系统的运行方式、设备运行方式;监视客流情况。

(三)财务管理

财务管理功能包括:查询年、月、日、时段任意区间的全线及各站财务收入情况;统计当日各站、各类设备的收益情况;记录自动售票机钱箱变更和票房售票机换班的收益记录;记录退票和补票等情况下发生的交易信息;单独统计一卡通票卡的交易情况,生成相应的报告报表;以运营线路为中心统计财务情况,实现清算对账功能。

(四)票务管理

票务管理包括:新增车票的初始化;实现车票库存管理;详细的车票数据档案(发行、近3个月的使用情况、回收记录);完成黑名单管理;支持票房售票机、车站计算机的车票档案查询。在建有清分中心的情况下,票务管理功能由清分中心统一实现。

(五)参数管理

参数管理包括:设置系统参数、设备参数、车票参数、收益参数、安全参数;可对网络上所有 AFC 设备进行参数下载(即时、定时、手工操作);参数下载失败自动再传,并记录下载失败的设备。

(六)权限管理

权限管理包括:定义多级管理和操作员密码,不同级别、ID 可选不同的操作功能。管理、操作人员的添加由最高级系统管理员完成。

(七)报表管理

报表管理包括定时或手工制作、生成并打印各种报表。

(八)设备维护维修

设备维护维修功能包括:保存所有设备及部件的故障维护和维修记录;对子系统和设备下达新的软件版本和软件版本更新命令。

(九)系统时钟控制

系统时钟控制功能包括:接收地铁主时钟系统或 GPS 系统的校时信息;定时向子系统和设备下传系统时钟。

(十)系统安全管理

系统安全管理包括:系统数据库建立备份、恢复和再生机制,灾难发生后以最快的速度恢复运行;数据存放和传送过程经过加密解密、完整性检查、连续性检查。

二、车站级功能

车站计算机是车站级 AFC 设备的核心,既要存储部分数据,又是操作员人机界面接口,其主要功能是支持车站自动售检票系统的业务运营、设备监控和管理、财务管理、票务管理和设备维修维护管理。其应具备如下功能。

（一）数据采集

车站的数据采集主要包括:接收来自 AFC 设备的数据进行统计处理,生成各类报告、报表存储在自身并传送到中央计算机;接收来自中央计算机的参数和命令数据并传送到 AFC 设备。

（二）系统运作管理

车站系统运作管理功能主要包括:可监控车站设备的运行状态、网络状态和接收报警信息;可设定和下传参数和命令控制车站设备;可设定本站和各设备运行模式;可监视统计客流量,给出可选时段内客流情况;通过紧急按钮设定紧急放行模式。

（三）财务(收益)管理

车站财务管理功能包括:收集各设备、各班次的收益情况并生成相应的财务报告;分别记录一卡通收益情况。

（四）票务管理

车站票务管理包括:收集本站发行、售出、回收车票数据并生成相应的数据报告和报表;接收中央计算机下达的黑名单数据并下传到车站设备;接收中央计算机下达的票价及其他票务参数并下传到车站设备;可向中央计算机查询票卡的详细档案。

（五）报表管理

报表管理包括定时或手工制作、生成并打印各种报表。

（六）设备维护维修

车站设备维护维修管理包括:收集相应的维护维修记录,生成报告和报表上传给中央计算机;通过网络接收中央计算机的软件版本更新命令进行软件更新;通过网络对设备支持软件进行版本更新。

（七）系统时钟控制

车站系统时钟控制包括:接收中央计算机下达的校时信息;启动时自动向中央计算机对时。

（八）系统模式

当地铁/轻轨在运营过程中出现列车故障、火灾、电力供应中断等意外故障时,可由各级 AFC 系统控制中心下达命令,将某个车站或者全部车站设置到非正常运营模式。系统模式包括如下内容:

(1)正常模式。除票房售票机外,所有车站设备通过中央计算机、车站计算机及设备本地控制将设备设置为正常服务模式。在操作员登录后,票房售票机进入正常服务模式。

在正常模式下,车站设备能处理乘客车票、发售车票或处理现金,检票机的方向指示器显示"通行"标志,各设备乘客显示器允许使用等信息。

（2）关闭模式。通过车站计算机、中央计算机及检票机本地控制,可将检票机、自动售票机设置为关闭模式,票房售票机在未登录前为关闭模式。

在关闭模式下,所有设备不能处理车票或现金,检票机的方向指示器显示"禁止通行"标志,检票机扇门关闭,各设备的乘客显示器显示设备关闭及暂停服务等信息。

（3）维修模式。通过本地控制,车站维护人员可将检票机和售票机设置为维修模式,对检票机进行设备测试及维护。在维修模式下,所有设备不能处理车票及现金,但在特定命令下可以使用测试车票。检票机的方向指示器显示"禁止通行"标志,检票机扇门处于关闭状态,各设备乘客显示器显示设备暂停服务及相关的维修信息。

（4）故障模式。在车站设备发生故障时,设备自动进入故障模式,其根据故障等级将设备关闭或继续服务。在故障模式下,设备无论是处于暂停服务还是服务状态,乘客显示屏显示有关故障代码。设备若因故障而暂停服务,乘客显示器显示故障信息及暂停服务等信息,检票机的方向指示器显示"禁止通行"标志,检票机扇门处于关闭状态。设备能自动对发生的故障进行检测,在故障恢复后,自动退出故障模式。

（5）列车故障模式。当轨道交通列车出现运营故障,使部分车站暂时中止运营服务时,暂停服务的车站需要将 AFC 系统设备设置到列车故障模式。在列车故障模式下,已经购买单程票的乘客,可以在一段时间（时间段通过中央计算机设置）内继续使用该车票,乘坐符合票值的车程。

（6）降级模式。降级模式分为 4 类:①进出站次序免检模式。在乘客拥挤的情况下,可以允许乘客不通过进站检票机进入付费区,AFC 设置进出站次序免检模式。②乘车时间免检模式。如果由于轨道交通的原因,引起列车延误或者乘客进站后在系统停留的时间超过系统设置的乘车时间,那么,为了使这部分乘客能正常离开车站而不受影响,系统将设置乘车时间免检模式。③车票日期免检模式。若由于轨道交通的原因导致车票过期,系统能设置日期免检模式,在此模式下允许过期的车票继续使用。④车费免检模式。如果某个轨道交通车站因为事故或者故障而关闭,导致列车越过该站后才停车,在这种情况下,系统将设置车费免检模式。

（7）系统预留设置。为了方便运营,每个车站应具有多种车站系统运作模式,用于车站系统的运作及客流控制。允许管理员通过中央计算机预定义多种车站系统的运作模式,并预留几种可由车站自定义的运作模式。

（8）紧急放行模式。紧急放行控制键设在便于操作的位置上,并用红色来表示。在紧急放行模式的状态下,车站内所有检票机将不对车票进行处理,同时检票机扇门全部打开,方便乘客紧急疏散。在紧急放行模式下,乘客不需要使用车票,就可以自由离开车站。

另外,紧急模式可以由车站计算机的操作来启动。任何一种操作都可以使检票机打开扇门,以便让乘客无阻碍地通过检票机。此时的检票机状态是无条件地打开扇门。在乘客显示器上显示紧急模式,在付费区的标志上显示进入标记及在非付费区上显示停止标记。此情况下不进行验票,同样在断电的情况下也会打开扇门不影响过往的乘客。

第四节　清分中心

随着地铁线路的大规模建设,大部分城市都已经建成或规划了地铁线网,部分城市还存在不同线路多个运营实体,因此必须实现轨道交通票款收益在内部各条线路之间、在外部与其他相关系统(公交一卡通)之间的数据清分及结算分账功能的需求。清分中心建设的主要目的即在于此。清分中心系统一般由清分结算系统、制票系统、密钥系统、运营管理系统、数据交换系统、报表管理系统、不间断电源系统、网络管理系统、系统维护与开发系统、测试系统及网络安全系统等组成。

清分中心系统的主要功能包括:完成与公共交通系统间的清分、对账;完成各线路间的清分、对账及数据处理;建立与清算银行机构的联系,实现资金管理;各线路之间实现统一票务管理、车票调配及车票跟踪;设置并下载票价表、费率表、车票种类、运营模式和联乘优惠率等参数;完成 ACC 内部及接入系统间的网络管理;提供与 LC 系统、"一卡通"系统及其他系统相连的接口;提供系统标准时钟;接收、生成、上传、下载黑名单;根据有关规定,建立安全密钥体系,产生系统密钥,进行密钥管理;发行系统内使用的 SAM 卡,完成交易数据 TAC 码认证;入网设备注册、认证及授权。

第五节　AFC 系统的外部接口

一、AFC 系统与地铁综合监控系统接口

随着地铁各系统之间信息共享的需求越来越强烈,综合监控系统作为地铁自动化系统的信息共享平台扮演着越来越重要的角色。AFC 系统因为本身管理运作比较复杂,涉及财务等方面问题,不宜直接集成进入轨道交通综合监控系统,一般采用在中央互连的方式与综合监控接口,交换的数据一般只限于设备运行状态及客流量。也有一些城市走得更远,把更多的信息从车站交换给综合监控系统,甚至取消车控室的 AFC 操作站,把功能完全集成到综合监控系统。

(一)通信硬件接口

现阶段一般采用 100 M/1 000 M 以太网接口与综合监控在中央或者中央与车站互通。另外,作为紧急情况下的一种后备操作方式,站级 AFC 系统与综合监控的后备操作盘(IBP)存在硬线接口,使后备操作盘可以在特殊情况下直接对进出站闸机进行全开控制。

(二)软件接口

因为综合监控系统需要与多个专业系统进行集成或互连,为了便于管理,一般建议由综合监控系统集成商提出开放的标准通信协议,以减少通信协议采用种类,简化系统的复

杂程度。国内已经建成的系统多使用 MODBUS-TCP/IP 协议。

二、AFC 系统与城市交通一卡通的接口

早期建设的地铁系统,曾发行过只限地铁内部使用的储值卡。因此,AFC 设备中的读/写设备需安装多种读/写模块以支持多种卡,如公交一卡通通用票卡,并要求 AFC 系统与一卡通系统相关的系统编码、数据接口、卡片结构、系统参数和终端处理流程等应符合相同的规则。现今需要建设地铁的城市,大多采用了公交一卡通,那么 AFC 系统在设计初期,就可把公交一卡通作为系统设计的唯一储值票种,使得票卡发行和读写机的接口设计得以简化。

(一)票卡读写机具接口

现实中可能仍存在需要读写多种票卡的需求,在这种情况下需考虑以下内容:
(1)密钥系统需按住房和城乡建设部部颁标准来设计。
(2)读写机具留出两种票制(A、B)的读/写模块集成位置,留出两种以上的 SAM 卡(密钥认证模块)集成位置。有信息足够充分的文档描述如何对车票进行消费操作。
(3)在系统软件中留出两套车票的单独核算体系。
(4)需要识别的卡的相关信息,包括卡的类型、读写接口、消费相关部分的数据格式、用户卡密钥或直接提供消费 SAM 卡。

(二)通信硬件接口

当地铁运营管理中心和城市交通一卡通结算中心距离很近可以使用局域网技术时,硬件接口很简单,只要留出一个以太网接口即可。如果地铁运营管理中心和城市交通一卡通结算中心相距较远,不能使用同一局域网,则性价比最好的通信方式是采用公共的远程数据通道。鉴于两个复杂系统的网络连接,通信应有独立网关或者路由进行网络隔离。另注意考虑远程通信中断下的应急措施,必须能够使用可移动媒体来交换数据,即地铁 AFC 系统总中心和城市交通一卡通结算中心都应该能把数据刻录到光盘(或其他媒体、专用设备),人工运送到对方所在地。

第六章　通信系统与其他自动化系统

第一节　城市轨道交通通信系统

一、轨道交通通信系统概述

为了保证城市轨道交通通信系统能可靠、安全、高效地运营,并有效地传输与地铁运营及维护和管理相关的语音、数据、图像等各种信息,就必须建立可靠的、易扩充的、独立的通信网。轨道交通通信系统是直接为轨道交通运营、管理服务的,是保证列车安全、快速、高效运行的一种不可或缺的智能自动化的综合业务数字通信网。

通信系统一般由传输网络、公务电话、专用电话、闭路电视、广播、无线、时钟、电源及接地等子系统组成,构成传送语音、数据和图像等各种信息的综合业务通信网。在正常情况下,通信系统为运营管理、行车调度、设备监控、防灾报警等系统进行语音、数据、图像等信息的传送;在非正常和紧急情况下,作为抢险救灾的通信手段。其中,传输网络(即地铁骨干网)是通信系统中最重要的子系统,它不仅为本系统的各个子系统提供信息通道,而且为其他自动控制管理系统提供信息通道。

二、通信系统在轨道交通中的发展和应用

在轨道交通通信系统发展应用过程中,主导和引领整个通信系统发展的是传输子系统,应用在轨道交通通信系统的有 PDH、SDH(SONET)、ATM、OTN、IP 网等传输方式。PDH 传输系统的特点是带宽资源有限,不能传输视频信息,仅能满足地铁运营中的基本语音信息和数据信息的传输要求。在早期的地铁传输系统中,为了满足传输视频信息的要求,需要单独架设用于传输视频的通信线路。随着电信技术的发展,应用于轨道交通传输系统的技术也有更多可选择的技术方案,如 SDH 传输技术、ATM 传输技术、OTN 传输技术及千兆位以太网等。

第二节　轨道交通传输子系统

一、通信传输子系统的功能

通信传输子系统应能迅速及准确和可靠地接入和传送各种专用电话、公务电话、广

播、闭路电视监控、无线通信、时钟、电力监控（SCADA）、自动售检票（AFC）、列车自动监控（ATC）、车站设备监控系统（EMCS）、办公自动化（OA），以及其他运营管理所需的信息。

二、通信传输子系统的方案介绍

（一）SDH 光同步数字传输系统

SDH 是产生于 20 世纪 80 年代末期的光同步数字传输系统，它特别适合构成线状通信网和环状通信网，因此在轨道交通系统中也得到了积极的应用。SDH 传输系统具有结构简单、应用灵活及拥有强大的网管能力的特点，目前在轨道交通传输系统中得到了广泛的应用。光同步数字传送网是由一些网元（NE）组成，在光纤上进行同步信息传输，复用和交叉连接的网络。这种网络技术今天已经十分成熟，其具有以下特点：

（1）SDH 的分插复用器（ADM）可以通过软件方式上下电路省去大量复用设备，还具有一定的交叉能力。数字交叉连接设备（DXC）可在软件的控制下完成电路的交叉、调度，在电路出现阻断时，通过交叉方式进行路由迂回，实现网络恢复功能。而且，ADM 和 DXC 网管功能较强，可通过网管信道在远距离对其进行配置。

（2）SDH 具有统一的网络节点接口规范，包括数字速率等级、帧结构、复接方法、网络管理等。由于将标准接口综合进各种不同的网元，减少了将传输和复用分开的需要，从而简化了硬件，缓解了布线拥挤情况。此外，有了标准光接口信号和通信协议后，使光接口成为开放型的接口，在基本光缆段上实现横向兼容，满足多厂家产品环境要求，同时具备多厂家能力，是实现统一简化运行、管理和维护过程的先决条件，还可以使自动化运行操作过程得以实现。

（3）在 SDH 的帧结构中安排了丰富的开销比特，这就使它的运行、管理和维护（OAM）能力大大增强。但由于采用了传统的时分复用（TDM）技术，SDH 将带宽分成几个固定容量的通道传送，电路组合数有限、带宽分配不够灵活且网络调度复杂。总的来说，SDH 对实现可变比特率（VBR）业务不够灵活有效。

（二）ATM 异步传输模式

随着网络服务的不断多样化，基于网络可以完成收发邮件、视频点播、网络电话等数据、视频、语音的多样化应用。这样就需要建立一种统一的多媒体平台，在这个平台上实现对带宽、实时性、传输质量要求不同的业务传输要求，这样就产生了 ATM（asynchronous transfer mode，异步传输模式）。

（1）异步传输模式技术是未来宽带综合业务数字网的基本传送方式，它是在同步传输模式（STM）技术基础上发展起来的，且进一步改进了 SDH 传输和业务连接方面的弱点，并集传输、交换、复接及有效支持各种业务接入于一体。

（2）在以 ATM 为基础的网络上，信元的复用与交换处理方式和所传送的信息类型（语音、数据和视频等）无关。因为 ATM 网络所处理的是形式相同的固定长度信元，所以可省去许多不必要的检验,能直接运用硬件加快处理速度,并提高交换与复用效率。信元的复用和交换处理方式与实际信息类型无关这一特性,使相同设备理论上可处理低频宽和高频宽的信息。因此,ATM 可以按需分配频宽。同时,由于使用很短的信元和高速传输速率,使得传输延迟及延迟抖动量都非常小,故 ATM 的服务范围非常广泛。

(3)ATM 也是一种具有服务质量的网络。其服务质量能够控制网络上传输流的带宽、延时和精度水平。例如,网络管理员可以将一个 622 Mbps 的 ATM 服务器连接"分割"为 3 个 200 Mbps 的块,每块可有 3 种不同的应用。这是因为 ATM 为一种宽带技术,并且数据是通过虚拟通道传输的。但从另一方面来说,目前 SDH 已对组建高速骨干传输网相当自如。

(4)在 ATM 系统中,当大部分业务量在本地上下时,若采用大量 ATM 交叉连接设备(VPX)进行 STM/ATM 转换,则转换成本非常高,从这一点来看,ATM 在传输网上与 SDH 竞争仍有一定困难。事实上,ATM 技术是迄今为止最为复杂的网络技术,除基本技术外,还不断推出新技术。由于各厂商对新技术跟踪速度不一,加上目前还没有统一的标准,所以市场上的 ATM 产品在性能方面各有差异。而且,由于 ATM 技术过于完善,其协议体系的复杂性造成了 ATM 系统研制、配置、管理、故障定位的难度,另外 ATM 网络设备也较昂贵。

(5)需要说明的是,随着时间的推移,ATM 技术也越来越成熟,某些国外厂商已开发出一种集视频、音频和数据交换于一体的 ATM 节点设备,除模拟话机的接入需外加集中设备外,其他设备可通过不同用户板的配置直接接入。特别是对图像信息可以保障其服务质量,如确定的时延等。另外,由于 ATM 具有可变带宽等优点,此设备可实现对通信网络的灵活配置和扩展。

(三)OTN 开放式信息传输网

针对轨道交通传输系统要求传输信息类型多,各种业务要求传输速率大,但是整个传输网络的整体容量要求有限的特点,部分通信公司专门研制了开放式信息传输网(open transfer network,OTN),由于其应用灵活、方便及经济的特点,在轨道交通传输系统中得到广泛的应用。

开放式传输网是一种灵活和支持多协议的开放式网络。它根据语音、数据、LAN 及视频等业务的相关标准设计了接口卡,从而使符合这些标准的设备可以通过 OTN 节点机毫无限制地直接互连。它能直接接入普通电话机、数据终端设备、影像设备(摄像机、显示器等),还可与交换机用户电路或 2 Mbps 的 E1 口连接。此外,它还提供带宽达 15 kHz 的音频接口,在网络方面支持 10 Mbps/100 Mbps 以太网的接入。这些接口模块的类型及数量可根据用户需要灵活配置。

由于 OTN 的一卡到位的特点,它很适用于专用通信网的传输。OTN 网采用双光纤环路结构,具有自愈能力,可靠性很高,但由于 OTN 没有一个相关的国际标准存在,因此在互操作性上无法得到保证;此外,由于是独家产品,在维护等方面就有一些不足之处,且在今后国产化方面存在一定的问题。

(四)MSTP 平台

近年来,随着数据网络的大规模发展,不仅要求通过城域网传输平台获得传统语音业务,同时对大规模的数据业务以及多媒体业务提出了迫切的要求。传统的 SDH 传输平台改造成为具有 MSTP(多业务传输平台)特色的开放平台。和传统 SDH 平台相比,MSTP平台最本质的特征是具有对 TDM/IP/ATM 综合业务统一接入、处理和传输的功能,其中主要以以太网或 ATM 形式接入。对于大型系统,还支持 DWDM 技术。同时作为传输网的核心设备,对未来带宽的增长保持很好的适应能力,即 MSTP 设备具有大容量处理能力和良好的扩展性能。MSTP 传输平台必须具备良好的容错性能。

MSTP 设备具有综合业务接入处理和传输能力、灵活多变的组网能力、完善的容错能力和良好的扩展能力才能满足城域网络发展的需要。MSTP 传输设备可以做到分步实施,不插数据盘就是标准的 SDH 传输设备,插上 ATM、以太网等数据接口卡可以快速提供综合业务,从而节约综合成本。

(五)以太网

1.快速以太网(Fast Ethernet)

随着信息的快速发展,特别是Internet 和多媒体技术的发展,网络数据流量迅速增加,原来的 10 Mbps LAN 已难以满足需要,市场急需高速 LAN,从而催生了快速以太网(Fast Ethernet)。快速以太网(Fast Ethernet)是一类新型的高速 LAN,其名称中的“快速”是指数据速率可以达到 100 Mbps,是标准以太网数据传输率的 10 倍。快速以太网具有许多优点:快速以太网集线器、网络接口卡和 10 Mbps 以太网相比具有更高的性能价格比、10 Mbps/100 Mbps网络接口卡的价格与 10 Mbps 网络接口卡相同,但性能却提高到了数倍。10 Mbps/100 Mbps 集线器每端口价格与 10 Mbps 集线器每端口价格几乎相同,并可望随着用户量的迅速增加而进一步下降。10 Mbps 以太网可以方便地升级为快速以太网,原有的10 Mbps型 LAN 可以通过 10 Mbps/100 Mbps 型集线器无缝连接到 100 Mbps 型 LAN 上。这是其他新型网络技术所无法比拟的。快速以太网技术可以有效地保障用户在布线基础设施上的投资,它支持 3、4、5 类双绞线以及光纤的连接,能有效地利用现有的设施。

当然,快速以太网也有它的不足:快速以太网是基于载波侦听多路访问和冲突检测(CSMA/CD)技术的,当网络负载较重时,会造成效率的降低,这可以使用交换技术来弥补。

100BaseT 采用非屏蔽双绞线(UPT)或屏蔽双绞线(STP)作为网络介质,媒体访问层(MAC)与 IEEE 802.3 的 MAC 兼容。100BaseT 的硬件部件主要有 100BaseTX、100BaseFX和 100BaseT4 三种介质。媒体相关接口 MDI 是物理层设备与媒体介质之间的机电接口。物理层设备 PHY 提供 10 Mbps 和 100 Mbps 的操作,可以是一组集成电路,也可以是一个独立的外部设备,通过 MII 电缆与网络设备的 MII 端口相连。媒体独立接口 MII 是一种40 针接口(连接电缆最大长度为 0.5 m),使用 100 Mbps 外部收发器,MII 将快速以太网设备与任一媒体介质连接起来。

100BaseTX 是一种使用 5 类数据级无屏蔽双绞线或屏蔽双绞线的快速以太网技术。

它使用两对双绞线,一对用于发送数据,一对用于接收数据。在传输中使用 4B/5B 编码方式,信号频率为 125 MHz,符合 EIA586 的 5 类布线标准和 IBM 的 SPT 1 类布线标准。使用与 10BaseT 相同的 RJ-45 连接器。它的最大网段长度为 100 m,支持全双工的数据传输。100BaseFX 是一种使用光缆的快速以太网技术,可使用单模和多模光纤(62.5 μm 和125 μm)。在传输中使用 4B/5B 编码方式,信号频率为 125 MHz。它使用 MIC/FDDI 连接器、ST 连接器或 SC 连接器。它的最大网段长度为 150 m、412 m、2 000 m 或更长至 10 km,这与所使用的光纤类型和工作模式有关。它支持全双工的数据传输。100BaseFX 特别适合于有电气干扰的环境,有较大距离连接或高保密环境等情况下的使用。

2.交换以太网(Switch Ethernet)

局域网交换技术的发展要追溯到两端口网桥。桥是一种存储转发设备,用来连接相似的局域网。从互联网络的结构看,桥是属于 DCE 级的端到端的连接;从协议层次看,桥在逻辑链路层对数据帧进行存储转发,与中继器在第一层、路由器在第三层的功能相似。两端口网桥几乎是和以太网同时发展的。

以太网交换技术是在多端口网桥的基础上于 20 世纪 90 年代初发展起来的,实现 OSI 模型的下两层协议,与网桥有着千丝万缕的关系,甚至被业界人士称为“诸多联系在一起的网桥”,因此现在的交换技术并不是什么新的标准,而是已有技术的新应用,是一种改进了的局域网桥,与传统的网桥相比,它能提供更多的端口(4~88)、更好的性能、更强的管理功能,以及更便宜的价格。现在局域网交换机也可实现 OSI 参考模型的第 3 层协议,实现简单的路由选择功能,第 3 层交换就是指此。以太网交换机又与电话交换机相似,除提供存储转发(store-and-forword)方式外,还提供其他的桥接技术,如直通方式。

以太网交换机的原理很简单,它检测从以太网端口来的数据包的源和目的 MAC(介质访问层)地址,然后与系统内部的动态查找表进行比较,若数据包的 MAC 层地址在查找表中,则按表输出;若数据包的 MAC 层地址不在查找表中,则将该地址加入查找表,并将数据包发送给相应的目的端口。

以太网交换机有直通式(cut throuth)、存储转发式两种交换方式。

(1)直通式的以太网络交换机相当于各端口间是纵横交叉的线路矩阵电话交换机。它在输入端检测到一个数据包时,检查该包的包头,获取包的目的地址,启动内部的动态查找表转换成相应的输出端口,在输入与输出交叉处接通,把数据包直通到相应的端口,实现交换功能。由于不需要存储,延迟(latency)非常小,交换非常快。它的缺点是:因为数据包的内容并没有被以太网交换机保存下来,所以无法检查所传送的数据包是否有误,不能提供错误检测能力,由于没有缓存,不能将具有不同速率的输入/输出端口直接接通,而且当以太网络交换机的端口增加时,交换矩阵变得越来越复杂,实现起来相当困难。

(2)存储转发式是计算机网络领域应用最为广泛的方式,它把输入端口的数据包先存储起来,然后进行 CRC 校验,在对错误包处理后才取出数据包的目的地址,通过查找表转换成输出端口送出包。因此,存储转发式在数据处理时延迟大,但是它可以对进入交换机的数据包进行错误检测,尤其重要的是它可以支持不同速度的输入/输出端口间的转换,保持高速端口与低速端口间的协同工作。

交换式以太网技术不需要改变网络其他硬件,包括电缆和用户的网卡,仅需要用交换机代替原有的共享式 HUB,即可将传统以太网改为交换式以太网,大大节省了用户网络升级的费用。交换式以太网技术可在高速与低速间转换,实现不同网络之间的协同。大多数交换式以太网都具有 100 Mbps 的端口,通过与之相对应的 100 Mbps 的网卡接入到服务器上,解决了 10 Mbps 的瓶颈,成为局域网升级时的首选方案。

它同时提供多个通道,比传统的共享式集线器提供更多的带宽,传统的共享式 10 Mbps/100 Mbps 以太网采用广播式通信方式,每次只能在一对用户间进行通信,如果发生碰撞还得重试,而交换式以太网允许不同用户间进行传送,比如,一个 16 端口的以太网交换机允许 16 个站点在 8 条链路间通信。它使用户实现通道独占,消除了 CSMA/CD 碰撞带来的问题。

3.千兆位以太网

为了能够把网络速度从原来的 100 Mbps 提升到 1 Gbps,千兆网标准对物理接口进行了改动。为确保与以太网技术的向后兼容性,千兆位以太网遵循了以太网数据链路层以上部分的规定。在数据链路层以下,千兆位以太网融合了 IEEE 802.3 和 ANSI X3TI 光纤通道两种不同的网络技术,实现了速度上的飞跃。千兆位以太网不但能够充分利用光纤通道所提供的高速物理接口技术,而且保留了 IEEE 802.3/以太网帧的格式。技术上相互兼容,同时还支持全双工或半双工模式(通过 CSMA/CD)。

千兆位以太网物理层包括编码/译码、收发器和网络介质 3 个主要模块,其中不同的收发器对应于不同的网络介质类型,包括长波长单模或多模光纤(也被称为 1 000BaseLX)、短波多模光纤(也被称为 1 000BaseSX)、1 000BaseCX(一种高质量的平衡双绞线对的屏蔽铜缆),以及 5 类非屏蔽双绞线(也被称为 1 000BaseT)。IEEE 802.3z 标准提供了两种不同的编码/译码机制。其中,8B/10B 主要适用于光纤介质和特殊屏蔽铜缆,而 5 类 UTP 则使用自己专门的编码/译码方案。

1 000BaseLX 是一种使用长波激光作为信号源的网络介质技术,在收发器上配置波长为 1 270~1 355 nm(一般为 1 300 nm)的激光传输器,既可以驱动多模光纤,也可以驱动单模光纤。1 000BaseLX 所使用的光纤规格包括 62.5 μm 多模光纤、50 μm 多模光纤和 9 μm 单模光纤。

其中,当使用多模光纤时,在全双工模式下,最长传输距离可以达到 550 m;使用单模光纤时,全双工模式下的最长有效距离为 1 km。连接光纤所使用的 SC 型光纤连接器与快速以太网 100BaseFX 所使用的连接器的型号相同。

1 000BaseSX 是一种使用短波激光作为信号源的网络介质技术,收发器上所配置的波长为 770~860 nm(一般为 800 nm)的激光传输器。此激光传输器不支持单模光纤,只能驱动多模光纤。具体包括 62.5 μm 多模光纤和 50 μm 多模光纤。

使用 62.5 μm 多模光纤全双工模式下的最长传输距离为 275 m;使用 50 μm 多模光纤全双工模式下的最长有效距离为 550 m。

1 000BaseSX 所使用的光纤连接器与 1 000BaseLX 一样也是 SC 型连接器。1 000BaseCX 是使用铜缆作为网络介质的千兆位以太网技术之一,1 000BaseCX 适用于交换机之间的短距离连接,尤其适合千兆主干交换机和主服务器之间的短距离连接。以上连接往往可以在机房配线架上以跨线方式实现,不需要再使用长距离的铜线或光缆。

1 000BaseT 是一种使用 5 类 UTP 作为网络传输介质的千兆位以太网技术,最长有效距离与 100BaseTX 一样可以达到 100 m。用户可以采用这种技术在原有的快速以太网系统中实现从 100 Mbps 到 1 000 Mbps 的平滑升级。1 000BaseT 使用的一种特殊规格的高质量平衡双绞线对的屏蔽铜缆,使用 9 芯 D 型连接器连接电缆。与前面所介绍的其他 3 种网络介质不同,1 000BaseT 不支持 8B/10B 编码/译码方案,需要采用专门的更加先进的编码/译码机制。

千兆位以太网允许在两台工作站之间基于点对点链路建立流量控制机制。当一端接收信息的工作站出现网络拥塞时,可向另一端的信息发送一个被称为暂停帧的特殊控制帧,指示发送方在指定的时间段内暂停发送数据。当网络恢复正常之后,接收方会向发送方发出重新传送数据的指令。

流量控制机制可以有效地在信息发送方和接收方之间实现数据收发速度上的匹配。例如,一台服务器每秒向客户端发送 3 000 个数据包,但客户端工作站可能由于某种原因无法以相同的速率接收服务器发出的信息。此时,客户工作站可发出暂停帧要求服务器等待一段时间再进行数据传送。

千兆位以太网设备与快速以太网设备没多大变化,主要有交换机、上连/下连模块、网卡、千兆位以太网路由器,以及一种新设备——缓存式分配机(buffered distributor)。

缓存式分配机是一种全双工、多端口的类似集线器的设备,将两个或更多工作在 1 Gbps 以上的 802.3 链路连接起来。缓存式分配机把分组转发到除源链路外其他所有链路上,提供共享带宽域(与 802.3 的冲突域相类似),也被称为"盒子中的 CSMA/CD"。它与 802.3 的中继器(Repeater)不同,允许在转发到达各链路的帧之前先加以缓冲。

作为共享带宽设备,缓存式分配机应与路由器和交换机区分开。配有千兆位以太网接口的路由器有可以支持高于或低于千兆速率的背板,而连到千兆位以太网缓存式分配器背板的端口共享 1 000 M 的带宽,对于多端口的千兆位以太网交换机,其高性能背板可支持几十千兆的带宽。千兆位以太网是对 IEEE 802.3 以太网标准的扩展,在基于以太网协议的基础之上,将快速以太网的传输速率(100 Mbps)提高了 10 倍,达到了 1 Gbps。而且,千兆位以太网是以太网技术的改进和提高,以太网和千兆位以太网之间可以实现平滑升级,对于网络管理人员来说,也不需要再接受新的培训,凭借已经掌握的以太网的网络知识,完全可以对千兆位以太网进行管理和维护,从这一意义上来说,千兆位以太网技术可以大大节省网络升级所需要的各种开销。

4.万兆位以太网

除在局域网、城域网提供与千兆位以太网相同的功能外,万兆位以太网还可以在广域网上提供广域网接口,使得以太网技术跨入广域网领域,成为一个覆盖 LAN/MAN/WAN 的全方位技术与网络解决方案。

以太网技术自诞生后便开始了从网络边缘逐渐向网络核心层的扩张。10 G 以太网技术将是以太网突破传统局域网应用,向城域网和广域网延伸,用以建设端到端全以太网结构的网络链路层技术。它以简单实用的网络层次,提供了一个可以承载语音、视频、数据等多种业务的单一网络结构,为运营商提供了一种低成本的网络解决方案。相对于传统的基于 ATM 交换和 SDH 传送的城域网和广域网技术,它不仅有利于传统运营商降低带宽运营成本,而且由于它的简单易用,还可以使新兴运营商快速部署网络。

有数据表明,电信网上传送的数据业务流量已经是传统电路交换的语音流量的 4 倍,也就是说,现在电信网中 80% 的流量是数据而不是语音,并且这一比例还在不断扩大之中,全数据通信时代必将到来。10 G 以太网标准的出台正适应了数据通信的高速发展趋势,并为 40 G 和 100 G 以太网络的诞生打下基础,使以太网真正走向网络骨干。

三、通信传输子系统的系统构成

传输子系统由光网络终端、光网络单元及光缆组成,光网络终端与光网络单元之间通过光纤连接。光网络终端设置于控制中心,光网络单元设置于远端各个车站,系统组成单向二纤通道保护环,既提供通道保护又具备自愈能力,满足地铁对高度可靠性的要求。

光网络单元具有丰富的接口,可为车站、车辆段提供公务电话、调度电话、语音广播、移动交换机和基站之间的语音通路等模拟业务接口,也可为时钟控制、广播控制、环境控制、机电设备控制、电力控制、列车监控、火灾报警和自动售检票系统提供各种数字式控制信道。此外,光网络单元还可以提供 2 M 透明通道,为图像监控系统提供数字式图像信号传送通道。光网络终端设置在控制中心,是沿线各站多种业务的汇集点。

第三节 城市轨道交通公务电话子系统

一、公务电话子系统的功能

轨道交通公务电话用于各部门间进行公务通话及业务联系,其主要功能包括以下两个部分。

(一)语音业务

(1)完成电话网内本局、出局及入局呼叫。
(2)能与市话局各类交换机配合完成对市话的呼叫。
(3)完成国内和国际长途全自动的来话去话业务。
(4)完成各种特殊呼叫。
(5)完成与公网中移动用户的来话去话接续。
(6)完成对无线寻呼的呼叫。

(二)非话业务

(1)向用户提供话路传真和话务数据业务。
(2)提供 64 kbps 的数据和传真业务。
(3)提供用户线 2B+D/30B+D 的交换接续。

二、公务电话子系统的结构

公务电话子系统由程控交换机组成单局式或双局式地铁专用电话网,交换局设在控制中心和车辆段,与市话局之间采用自动呼出、自动呼入。地铁沿线各站(段)配置的自动电话、数字终端和2B+D用户终端经接入网传输汇集于局端OLT。

三、公务电话子系统的设备组成

公务电话子系统包括程控电话交换机、自动电话、传输系统提供的数字中继线路及其附属设备。

第四节　城市轨道交通专用电话子系统

专用电话子系统是为控制中心调度员及车站、车辆段的值班员组织指挥行车和运营管理,以及确保行车安全而设置的专用电话系统设备。

一、专用电话子系统的功能

调度电话包括行车、电力、防灾环控、维修和公安等调度电话;各调度台能快速地单独、分组或全部呼出分机,分机摘机即呼调度台;调度员可通过操作调度台,一键完成对沿线各站的单呼、组呼、全呼、强插、强拆、召集会议等功能;车站值班员呼叫调度员采用热线方式,摘机即通。

二、专用电话子系统的结构

调度总机设在控制中心,调度分机设在各个车站,调度总机与调度分机之间通过专用信道以全辐射方式连接。

各调度系统的分机通过程控交换机连接。这要利用程控交换机的闭合用户群功能,在网内可组织若干个闭合用户群。用这种方式,以程控交换网为依托,构成的调度电话系统是一种虚拟的独立系统。此外,为保证调度员和分机之间的呼叫无阻塞,可在中心交换机和各车站交换机间设置直接中继通道。站间行车电话也应能摘机即呼,这可利用交换机在相邻两站的行车电话机之间建立双向热线来实现。而轨旁电话沿隧道设置,轨道沿线电话并联后接入邻站交换机。轨旁电话可直接呼叫上行值班员、下行值班员和行车调度员。

三、专用电话子系统的设备组成

专用电话子系统包括调度电话,站间行车电话,车站、车辆段直通电话及区间轨旁电话。

调度电话系统由中心调度专用主控设备,车站、车辆段专用主控设备,调度电话终端、调度电话分机、录音装置及维护终端等组成。调度电话终端设置在控制中心各调度台上。

第五节　轨道交通闭路监视(CCTV)系统

闭路监视(CCTV)系统作为一种图像通信,具有直观、实时的动态图像监视、记录和跟踪控制等独特功能,是通信指挥系统的一个重要组成部分,具有其独特的指挥和管理效能,已成为城市轨道交通实现自动化调度和管理的必备设施。

一、CCTV 系统的功能

轨道交通闭路监视系统分运营调度图像辅助指挥和公共安全管理两部分。

(一)运营调度图像辅助指挥

由轨道交通线运营部门应用管理,为轨道交通线运营调度指挥提供图像辅助。运营调度控制中心在实施列车调度、运营管理和防灾控制指挥中,借助电视监视系统,实时直观地了解线路运营情况和事故灾害信息,使调度控制指挥人员能够在管理事件的第一时间获取事件现场实时的直观图像资料,从而能尽快做出控制反应。同时,调度控制人员能够操控电视监视系统的前端摄像机云台(公安用摄像机除外)和图像记录设备,跟踪事件的场景区域,掌握事件演进过程,并记录事件现场图像,以备日后查阅和分析。

平时,调度控制人员能够通过电视监视系统,巡检全线各车站运营情况,能够任意调看各车站各摄像机(公安用摄像机除外)的采集图像并对重点场景图像进行不间断记录,并可操控各站的硬盘录像机选定某个图像进行远程回放。

系统为轨道交通车站运营管理提供图像监视信息。车站控制管理人员借助电视监视系统实时直观地了解本站运营情况,并能够操控本站摄像机(公安用摄像机除外)、切换控制和图像记录设备,对监视图像进行巡检、调视、跟踪和记录。

(二)公共安全管理

由公安部门应用管理系统为轨道交通线公共安全管理提供辅助手段,为公安指挥中心提供全线各车站实时场景图像。公安指挥中心值班人员可以任意操控调看各车站各摄像机(运营用摄像机除外)云台和图像,以巡检和跟踪各车站现场场景,及时了解全线安全情况,发现治安事件,判断事件性质和规模,从而实施快速反应和高效指挥。公安指挥中心值班人员可以对重点场景图像或事件现场图像进行不间断记录,以备日后查询和分析历史资料。

二、CCTV 系统的结构

车站内部的控制信号可通过控制电缆传输,视频信号可通过视频同轴电缆传输。在站间传输时,控制信号可通过 SDH 传输系统提供的从控制中心至各车站的共线低速数据通道进行传输,而视频信号可通过数字图像传输方式进行传输,即将每个车站的多路视频信号分别经数字压缩编码处理后,通过 SDH 传输系统送至控制中心,控制中心数字交换控制模块筛选出多路压缩编码数字视频信号后进行视频解码,还原后的视频信号送至相关调度台的各监视器上。用以上方式时,如果车站及每站所传的视频信号路数较多,则将占用较大的带宽,这时可仅将所要监视的视频信号在网上传输,其余的信号则在需要时切换进主干中传输。

构建 CCTV 系统的另一种方法是将视频信号经光端机发送和接收并通过光纤传输至中心,即单独组成一套系统。但这样做的问题是今后若需要与其他系统(如公安系统等)相连,则有一定困难,且不适于统一网管。CCTV 子系统主要由摄像机(包括云台)、监视器、控制切换设备和传输网络等各部分组成。

三、全数字 CCTV 系统

最近新建地铁线路的 CCTV 系统大多采用全数字化组网方式,即前端摄像机通过编码设备全部转换为数字视频信息后通过标准的以太网传送,各车站视频处理设备输出的视频信号,通过视频数字编码设备传送至控制中心视频处理设备。车站和控制中心可通过相应的软件在计算机终端上进行浏览。

系统主要设备包括前端摄像机、交换机、编/解码器组、视频服务器(后备视频服务器)、网管服务器、视频监视终端、控制盘、视频存储设备、各种软件及调度员监控终端。

第六节　轨道交通无线通信系统

轨道交通无线通信系统是轨道交通通信系统中不可缺少的重要组成部分,是提高地铁运输效率、保证运营行车安全的重要手段。轨道交通无线通信系统主要由具有极强调度功能的无线集群通信子系统、无线寻呼引入子系统和蜂窝电话引入子系统等构成。轨道交通无线通信属于移动通信的范畴,但又具有限定空间、限定场强覆盖范围、技术要求高、专用性强和系统复杂等特点。无线子系统主要用于地铁、轻轨线的列车运行指挥、公安治安、防灾应急通信和设备及线路的维修施工通信。根据运行组织、业务管理需要,其工作区域及工作性质不同,无线通信系统分为 6 个无线通信作业系统。

一、运营专用无线通信系统

运营专用无线通信系统(城市轨道交通无线通信子系统)是地铁内部固定人员(如中心调度员、车站值班员等)与流动人员(如司机、维修人员、外勤人员等)之间进行高效通信联络的唯一手段。系统制式主要采用 TETRA 数字集群方式组网,系统构成将满足地铁各子系统如行车调度、环控(防灾)调度、维修调度、车辆段值班等语音、数据信息传递的相互独立性,使其在各自的通话组内的通信操作互不妨碍,并实现设备和频率资源的共享、无线信道话务负荷平均分配、服务质量高、接续时间短、信令系统先进、可灵活地多级分组,具有自动监视、报警及故障弱化等功能的智能化网络。系统应采用各项新技术,达到运营及管理的高水平。主要的服务对象(无线用户)有控制中心行车调度员、沿线各站的车站值班员和外勤工作人员、运行线路上的列车司机、控制中心环控调度员、外勤环控人员、控制中心维修调度员、外勤维修人员、车辆段控制中心值班员、停车场运转室值班员、列检值班员、车辆段内列车司机、列检及车辆段外勤工作人员等。

(一)通话功能

在地铁无线通信系统中有多种不同种类的用户,根据不同种类用户的性质、功能,可组成相互独立的通话组。无线用户均具有以下通话功能:

(1)中心调度员与列车司机的通话。调度台与车载台之间的通话是指行车调度台与运行在正线线路上的机车车载台之间的通话、车辆段调度台与运行在车辆段范围内的机车车载台之间的通话,以及停车场调度台与运行在停车场范围内的机车车载台之间的通话。调度与列车司机的通信具有高优先权和可靠性。在无线通信系统中的行车调度(行车调度台)与列车司机(列车车载台)的通信具有最高优先级别,此类呼叫具有高可靠性。无线系统总是将系统的信道资源最优先分配给调度员与车辆用户之间的呼叫。

车载台从一个车站驶入相邻的车站时,自动进行越区切换。车载台的优先级别最高,当其切换到新小区时,若该区无空闲信道,可进行信道的强拆占用。因此,列车进行越区切换时,行车调度与列车司机通话的连续性完全得到保证。

(2)车载台与车载台之间的通话。为确保调度台能在任何时候都能呼到辖区内的列车司机,车载台与车载台之间的通话方式采用组呼方式实现,以便采用组优先扫描功能,保障调度台获得对车载台的优先通话控制权。

(3)调度台与无线用户(车载台、车站电台或便携电台)之间的通话。调度台与无线用户(车载台、车站电台或便携电台)之间的通话连接采用移动交换机自动转接的方式。

(4)无线用户(车载台、车站电台或便携电台)之间的通话。无线用户(车载台、车站电台或便携电台)之间的通话连接采用移动交换机自动转接的方式。

(5)无线用户(车载台、车站电台)与有线用户(PABX 用户)通话。有权无线用户使用授权便携台通过拨特定号码而接到 PABX,进而转接 PABX 用户(或继续转接 PSTN 用户),过程为自动接续。

无权用户如车载台、车站电台拨打有线用户受调度员控制,通过其允许而转接有线用户。PABX/PSTN 无权用户拨打本无线子系统用户,由调度员接听,并由调度员决定是否将该呼叫接至无线用户。同意转接时,调度员在调度界面上代拨无线用户号,TETRA 系统将执行对无线用户的呼叫接续。PABX/PSTN 用户有权拨打本无线子系统用户,系统自动将呼叫接通,而不需要调度员介入。

(二)编组功能

运营专用无线通信系统具有编组功能,根据具体的部门和使用划分,将相互之间需要通信的成员编成通话组内的不同通话小组,每个用户可同时编入多个通话组,通话组可按大组、中组、小组等形式编制。

主要编组类型包括如下 5 类。

1.行车调度通话组类型

(1)行车调度员与正线车辆通话组:①行车调度与正线所有车辆组成的全呼列车通话组;②行车调度与正线所有上行车辆组成的全体上行列车通话组;③行车调度与正线所有下行车辆组成的全体下行列车通话组;④行车调度与单辆列车组成的单列列车通话组,每辆列车对应一个独立的组号。

(2)行车调度员与各车站站长通话组:①行车调度员与所有车站台编成的一个全呼组进行组呼;②每个连锁区的车站台编成一个组进行组呼;③双区闭塞的车站台编成一个组进行组呼。

(3)各车站站长与本站站务员通话组。对单基站工作状况可单独编一个组,这个组包括本基站覆盖范围内的所有车站台、手持台和车载台。

(4)其他特别组。

2.车辆段通话组类型

(1)车辆段调度员与车辆段车辆通话组。

(2)车辆段调度员、调车员与车辆段车辆通话组。

(3)车辆段调度员与调车员通话组。

(4)车辆段调度员与车辆段范围内的手持台通话组。

(5)车辆检修通话组。

(6)乘务通话组。

(7)维修工程部通话组。

(8)其他特别组。

3.维修通话组

(1)维修调度员与所有维修人员通话组。

(2)维修调度员与各维修小组通话组。

(3)维修调度员与车辆维修小组通话组。

(4)维修调度员与通号维修小组通话组。

(5)维修调度员与机电维修小组通话组。

(6)维修调度员与工建维修小组通话组。

(7)维修调度员与供电维修小组通话组。

(8)维修调度员与生产管理组通话组。

(9)其他特别组。

4.环控通话组类型

(1)环控调度员与所有环控人员通话组。

(2)环控调度员与各环控小组通话组。

另外,还有其他备用通话组。

(三)车载台编组与自动切换功能

列车将按行车的需要在不同的区段内运行:正线区段、车辆段区段和停车场区段。司机在不同的区段将与不同的调度员进行通话。

车载台在列车换段时,将通过信号专业所提供的信息(ATS 信息)或基站位置,进行车载台运行线路通话组与车辆段/停车场通话组的自动触发转换,同时在运行线路通话组内,系统能自动将其编入根据运营需要编制的小组之内(如列车上行小组、列车下行小组)。

同时,车载台可由行车调度员及车辆段(停车场)值班员利用调度台人工进行车载台运行线路与车辆段/停车场组别的转换,以及在其他根据运营需要编制的小组之间的转换。司机也可用车载台人工进行车载台运行线路与车辆段(停车场)组别的转换。

(四)呼叫功能

用户台之间可根据使用要求,实现组呼、选呼和紧急呼叫等形式的呼叫连接方式,其中组呼可按大组、中组和小组等编制进行,在紧急情况下,移动台只向相对应的调度台发出紧急呼叫。

(1)用户台终端标识码呼叫。系统的每一个用户都将分配有相应不同的身份标识码(ID 号),其中对于每个车载台,还可分配多个功能号,如车载台除本身电台的身份 ID 号外,还具有司机、车次、车组等功能号,与身份 ID 号是相对应的。

车载台的身份 ID 号与功能号的对应方式,将根据信号专业的自动列车控制系统(ATS)的信息,进行实时、自动的跟踪编制。调度台可对移动用户使用移动终端标识码及功能号进行呼叫。用户台终端组识别号系统可将每个移动终端编入不同的通话组,并分配给同一通话组内成员一个共同组标识码(组 ID 号),用户可根据要求对组 ID 定义方便理解的组名称。系统内用户可使用组识别号进行呼叫。

(2)用户台终端组识别号。系统可将每个移动终端编入不同的通话组,并分配给同一通话组内成员一个共同组标识码(组 ID 号),用户可根据要求对组 ID 定义方便理解的组名称。系统内用户可使用组识别号进行呼叫。

(3)调度台呼叫。系统中的调度操作控制台可将相应组内用户标识码和组标识码显示在调度操作控制台的显示屏上,对车载台的呼叫应直观和快速,调度台 GUI 界面应能实时显示车载台的实时位置,并且调度员能快速发起基于列车位置的直观呼叫。车载台还能显示相对应的功能号。调度员可通过鼠标直接进行各种呼叫。

(4)用户台对调度台呼叫。系统内的各移动终端用户可对相应的调度操作控制台进行呼叫,可按业务需要采用单呼、呼叫请求、组呼、紧急呼叫等呼叫方式。

(5)用户台之间组呼。组呼通信对用户来说类似于传统的开放信道通信。用户只需用组呼选择按钮选择一个组,就能听见组内通信,而按下 PTT 键就能说话。系统自动处理呼叫建立和释放。系统的组呼采用半双工方式。

(6)用户台之间的选呼。选呼(单呼)主要用于移动、固定用户和调度台间一对一的选择呼叫;移动用户间一对一选择呼叫。除了移动用户、调度员、固定台可以发起个别呼叫,PSTN 和 PABX 用户也能接收和发起个别呼叫。

(7)带优先级的组扫描功能。一个移动台可以属于多个组。用户可以选择一个组作为当前组,这样用户可以参与该组通信-收听/插话。此外,系统还提供了组扫描功能,这样用户还可以监听其他组的通信。用户可以选择被扫描的用户组。当扫描功能被激活后,移动台也可以响应这些扫描组的话务。

扫描组的优先级可以设置。当某个系统终端正在参与组呼时,该移动终端能接到优先级别较高的组呼或紧急呼叫,并加入该组呼或紧急呼叫。这就保证了即使当前正在参与其他组的通信,用户也能收到重要组的信息。

(8)紧急呼叫功能。紧急呼叫是一个高优先级选呼或组呼。

当移动用户对相应的调度台发出紧急呼叫而系统资源全部被占用时,系统将中断权限为最低级别的用户通话,并立刻给发出紧急呼叫的用户分配信道资源。被呼叫调度台将出现相应提示,并伴有特殊音响。通过系统编程设定,移动台可只允许对相应的调度台发出紧急呼叫。

紧急呼叫对信令和接入资源具有最高优先级,这样在任何情况下都保证呼叫能建立。在网络过负荷时,一个强拆型的紧急呼叫能让系统自动释放低优先级呼叫所占用的资源。

所有移动台均有权利发起紧急呼叫。如果用户本身不在危险之中,但是想对某个紧急状态发出提醒或告警,可以给调度员发出一个紧急的呼叫请求。

移动台的紧急呼叫目的方可以设置为一个组。发送至该组的紧急呼叫即为紧急组呼,可以是处于危险的人员向同组的成员发起,这样所有同组的成员都可以听见。此紧急呼叫组可由系统给予较高的扫描优先级,以便于正在进行较低级别小组通话中的用户可以加入此紧急通话组的通信中。

在系统里,发送至特殊号码的紧急呼叫也可以是一个预定义的特殊的用户号码或PABX/PSTN 号码,即紧急个呼。

当组呼开始的通常条件已经具备,或调度员参与呼叫后,一个紧急组呼就可以开始了。用户参数可以设置为:一旦呼叫建立,处在危险中的移动台发射机就自动打开,即紧急自动发射状态,而呼叫中的其他用户将知道这个移动台的身份标识码。

组呼调度员在紧急呼叫中有特殊功能。如果他正在操作多个组,他可以对其他组静音,集中于紧急呼叫。此外,他还可以打断紧急用户的通话。

参与紧急呼叫的调度员,会听到紧急呼叫与普通呼叫有明显区别的告警铃音。

(五)无线广播功能

通过 TETRA 车载电台与列车广播系统相连,实现行车调度员对列车的无线广播功能。

(1)中心行车调度员可对内正线上的列车发起广播。
(2)车辆段调度员可对位于车辆段的列车发起广播。
(3)停车场调度员可对位于停车场的列车发起广播。

(六)存储功能

存储设备位于控制中心 TETRA 交换机,对系统内的每个呼叫/通话都会产生相应的呼叫通话记录信息,并进行存储。存储的呼叫通话记录信息包括呼叫类型、呼叫状态、被呼和主呼的移动台标识码和基站位置(基站名称可采用车站站名表示)、通话起止时间等有关信息。组呼的通话记录包括组号、加入组通话的用户 ID 号。所有这些呼叫和通话记录,可以按呼叫通话起止时间、日期、呼叫类型、呼叫位置进行检索查询,对查询的结果可以用文件记录方式输出到表格文件或输出至打印机。

(七)录音功能

系统配置数字录音设备,用于记录所有调度员的通话信息,并可进行搜索查询。调度台录音确保运营控制中心监控调度员参与的通话,可对每个话路进行录音、监听、回放及识别来电号码。运用信息化、网络化的技术,为地铁运控中心提供现代化的管理手段,提高管理部门信息的收集、处理能力,联动及反应能力,为各级领导和管理人员提供准确、及时的分析数据,提高管理的科学性和工作效率。

(八)调度台功能

调度台具有系统的各种呼叫、广播、存储、录音和通话等功能,并可显示本线通话组内的所有用户 ID 号和组号、用户的位置(以车站站名表示)和工作状态、呼叫类型(紧急呼叫将有明显的声光显示)及其他必要的相关信息,其中列车台可显示标识码及相应的车组号、车次号、司机号,调度台与便携台、车载台和固定台终端用户均可双向收发中文的状态信息、短数据业务。

(九)网络管理功能

系统具有完善的网络管理功能,设置在控制中心的网管终端能够实时监测系统各级设备的运行状态。

1.故障管理

网管的故障管理可对被管理的网络和网络元素进行实时的告警状态监测,系统的故障管理能力对系统的状态提供了全面的观察。

系统网管终端能够监测系统各级设备的运行状态信息(故障监测至板卡级),如中心控制器模块、音频器接口、电源、音频交换模块、数模交换模块、集群基站接口模块、基站控制器、集群信道机等,并对这些模块进行软硬件故障诊断,可完成自动检测、遥控检测、故障定位、故障报警及远端维护等,出现故障时能够声光报警显示和记录,可由中心系统网管服务器采集诊断结果。

2.性能管理

为了保证用户组织能得到可靠服务,操作员任何时候都应该知道系统目前的负载情况、某些服务和网络单元中可能受到的干扰等。通过性能管理收集测试数据,能够对系统的运行和网络的资源使用进行评估,根据评估的结果进一步对网络进行优化,对某些话务量比较大的地区考虑增加更多的话务信道或增加新的基站等。

3.配置管理

通过网管终端设置可完成包括时间管理、软件管理、无线网络管理、路由管理、结构管理等全系统的配置及更改。

系统网络管理提供配置系统设备的接入点,可以对系统设备的参数进行配置,同时在管理数据库中包含控制访问用户系统的参数及其属性。配置管理支持远程的 MMI 人机接口,可以在交换中心对远端基站的参数进行配置和修订,进行系统配置管理时将不会中断对应的业务。

4.用户管理

对系统内的用户进行管理包括以下两个类别:

(1)创建/更改/删除无线用户。

(2)更改无线用户呼叫权限和属性。

内容包括:用户基本数据管理、基本业务数据管理、补充业务管理、用户位置管理、群组管理;建立、修改和删除系统数据库的用户信息;用户接入时监视用户的数据;对用户设备进行管理(包括编组设置、系统等级及功能设定);对移动用户接入权进行控制,即服务区设置;系统能够定义移动用户的特定服务区,无须将移动终端重新编程便可修改其服务范围;系统可以设置移动用户的活动区域(某几个基站或某些区域)。

5.安全管理

系统具有很好的安全管理(如密钥管理),可以使授权用户方便地接入系统管理数据库中的信息,并保证这些信息的保密性。不同的网管用户具有不同级别的接入权限,只能在权限范围内完成相关管理操作任务。操作权限用于分配用户可在某个对象上执行的功能,包括添加数据库记录、更新现有记录和从数据库中删除某条记录。

通过网管系统可建立登录网管系统的授权用户的用户名和密码。

(十)系统故障弱化功能

1.多语音信道自动切换功能

系统具有很高程度的可靠性,将根据呼叫的需要自动分配话务信道资源。用户终端不需要依赖任何指定的信道通话。任一信道机出现故障时,该信道机会被停用并自动报告给网管监测终端,该过程用户是不会察觉的。如果某一语音信道故障,中央控制器就不再分配该信道给用户台使用了。

2.备用控制信道自动切换功能

系统采用模块化的基站。基站的基本配置模块单元安装在一个独立的室内机柜中,并能够配备 1~4 个无线射频载波。增加 1 个可扩展机柜,可以将 TBS 扩充成 8 个载波。

基站具有很高的系统可靠性设计,当控制信道出现故障,基站的中央控制器就指定另一个备用的信道机作为控制信道,并自动报告给网管监测服务器。

3.中心控制器冗余容错功能

系统的中心控制器 TETRA 交换机采用了冗余容错技术,如果设备中的某个模块发生某种故障,后备的硬件就会自动地进行替补,维持系统正常工作。

4.单站集群功能

为了保证在特殊紧急情况下,基站与交换机通信中断时仍能保证有限的指挥调度通信,TETRA 基站还能提供单基站集群功能,即独立地为本基站内的用户提供基本的通信服务。该基站进入故障弱化工作状态。

在系统中,交换机 DXT 和基站 TBS 都会监测彼此的通信状况,一旦通信中断,故障打印机和网管系统处都会有告警提示。当 TETRA 基站和控制交换机间的通信中断持续了一段时间(时间长度可设定)后,TBS 自动进入单基站集群模式,并将单站模式的信息广播给基站下的所有移动台。收到本站进入单站模式的广播信息后,基站下的移动台会自动搜寻按广域集群工作且信号强度足够的相邻小区进行登记。如果无线终端找不到按广域集群工作且信号强度足够的小区,则它应停留在原基站上。

系统在单站集群状态下,支持以下功能:①移动台临时登记;②移动台的转组;③组呼;④紧急呼叫;⑤迟后进入;⑥优先级扫描;⑦通话方识别(呼叫方显示)等。

正常工作模式的恢复由 TETRA 交换机控制。当发现和基站间的传输链路恢复后,TETRA 交换机发送一个无线设置信息给基站,重新启动基站并使之回到正常集群模式中。当基站恢复到正常集群模式后,无线终端进行重新登记,基站交换机自动更新登记信息。

(十一)数据服务功能

TETRA 系统能为用户提供强大的数据业务承载能力和丰富的数据通信功能。

(1)短数据业务:在 TETRA 标准中定义了 4 种短数据信息类型。①SDS-1,代码预先编定的状态信息,但状态信息的含义可由用户设定;②SDS-2,32 bit 长的信息,所有内容由用户设定;③SDS-3,64 bit 长的信息,所有内容由用户设定;④SDS-4,信息长度 1~2 047 bit可变,是一种最便于建立灵活和方便的数据应用的信息。但无线信道资源是非常珍贵的,而固定长度的短数据信息提供了一种更高效的数据应用方式,例如自动车辆定位应用(AVL)。

(2)状态信息:预先编码的状态信息是一种数字代码,在系统或在终端中可对该信息的含义进行定义。状态信息用于发送频繁使用的某些信息。状态信息的长度只有16 bit,因此该信息对系统的负荷是最小的,并且传输速度是非常快的。此外,状态信息与呼叫是无联系的,因此在进行语音通话时,用户也可以发送或接收状态信息。无线终端和调度台都能够发送和接收状态信息。而且该信息能够发送至一个用户或组,即支持点对点,点对多点的状态信息传送,并且可以进行双向传送。

(3)分组数据服务:TETRA 系统使用了 IETF RFC791 中规定的 IP 协议,可为分组数据提供载体服务。IP 分组数据服务可提供 P 数据报的传送,以及使用无线终端,将位于现场的 PC 与企业内部网(LAN/WAN)相连,提供 Intranet 的应用服务。TETRA 系统中的 IP 承载服务能够被用于提供无连接(UDP/IP),或面向连接(TCP/IP)的分组数据无线传输。

(十二)通话限时功能

在 TETRA 系统的组呼过程中,只有在通话时信道才被占用。系统中的所有信道是被所有用户共享的。在呼叫建立时,系统自动将空闲信道分配给组呼用户,而经过一定时间无人通话后,该信道将被释放。这保证了对系统无线资源的有效利用。

系统为每个通话组呼叫定义了最长通话时间限制。如超过这个时间限制,系统将自动终止该次通话。这个参数用于防止通话组呼叫过长的通话时间对无线通信资源的长时间占用,影响整个 TETRA 系统的通信容量。

(十三)强插功能

系统对高优先权的用户提供通话强插功能。调度台在所属的通话组内总是具有最高的优先级别。调度员能够通过调度台强行介入此通话组的通话,保证通话组中所有正在接收的用户终端立即听到调度员的语音,任何正在发送的用户终端将收到提示音,表明调度员插入通话。此功能确保调度员能够向一个通话组发布重要信息,而不管是否有成员正在发话。

(十四)用户动态重组功能

根据业务的需要(如事故抢险等),被授权的系统管理员或调度员可通过系统管理设备或调度台以无线方式对无线移动用户重新编程,将不同组的、不同基站覆盖区内的某些用户重新组成一个临时小组进行通信。动态重组允许一个或多个无线用户加入一个通话组或从一个通话组删除,系统管理员或调度员可以在操作环境出现变化的情况下对通话组进行重组,每个无线用户机会记住它所具备的通话组设置,当发送"取消重组"指令时,无线用户机会返回到原先的通话组。动态重组允许事先制订"应急计划"并存储起来,这样可以在出现重大事件时允许快速响应。例如,这些"应急计划"可以包括对所有或一些移动台的全部重组,适用于重大灾难,如火灾事故。

(十五)多级优先呼叫功能

在 TETRA 系统中,每个个人用户都有自己的呼叫优先级。高优先级有利于在话务忙时优先得到信道建立个呼,或在组呼中优先得到发言权;个人用户呼叫优先级参数范围是 1~10。每个通话组也有自己的呼叫优先级。高优先级有利于在话务忙时优先得到信道,它的呼叫优先级参数范围也是 1~10。另外,紧急呼叫会在信道全忙时拆除最低优先级的呼叫。TETRA 系统中的调度员也有 1~10 十级呼叫优先级。调度员的优先级要高于个人用户和通话组的呼叫优先级。

(十六)直接呼叫功能

直接模式操作(DMO)是一种 TETRA 标准定义的操作模式,可以使多个移动台(MS)相互之间直接通信,而不必借助于任何无线网络。可认为 DMO 是一种回退运行模式,能使多个 MS 在无线网络服务中断的情况下保持通信。TETRA 标准包含有关 MS 相互之间直接通信的规定,称为 TETRA 直接模式操作(DMO)。DMO 可以使用户在一个有限的区域内通信,而不使用任何无线网络设备。它等同于模拟系统的背靠背或对讲模式。直通模式下,语音为半双工呼叫,数据为单时隙,最高速率为 7.2 kbps,V+D 中的 D 设定为只可收发短数据(SDS)。

DMO 支持的功能包括以下四种:

(1)组呼。

(2)组扫描。

（3）迟后加入。当一个组呼在直接模式频道上进行时,发射中的基站收发信机定期发送迟后加入信令,这可以使没有收到呼叫发起信令(无论任何原因)的 MS 加入正在进行的呼叫。

（4）通话方识别。一旦 MS 在呼叫过程中发射,该呼叫方的 ID 即被送出。这可以使 MS 显示当前发话的 MS 的 ID。

(十七) 系统同步功能

TETRA 数字集群系统是数字网,数字网是工作同步的网。网同步的规划是非常重要的,它是保证整个 TETRA 网络正常工作的基石,需要仔细考虑。如果同步网发生故障,会导致整个 TETRA 系统直接瘫痪,不能正常工作,无法为系统中的用户提供服务。

实现网同步的目标,是使网中所有的节点(交换机和基站)的时钟频率和相位都控制在预先确定的容差范围内,以便网络中所有的数据流实现正确有效的交换。否则会造成数据出错,导致系统无法正常工作。TETRA 数字集群系统的网同步方式有两种:主从同步方式和 GPS 同步方式。

(十八) 越区切换功能

TETRA 标准提供 5 种类型的过网越区切换。5 种类型的过网越区切换是非声明型切换、非通知型切换、3 类通知型切换、2 类通知型切换和 1 类通知型切换。具体应用哪种类型由移动台当前所处的状态来决定。在轨道交通运营无线子系统通话中的越区切换全部采用 1 类方式进行,大大缩短了越区切换带来的通话中断时间,确保了通话的连续性。

二、运营专用无线通信系统的结构

(一)运营专用无线通信系统的典型结构

运营专用无线通信系统是由多基站组成的集群通信系统,并与有线公务电话系统互连,形成一个有线、无线相结合的网络。主要由控制中心无线交换机、调度台服务器、调度台、系统网管、基站、车载无线电台、车站固定无线电台、便携电台、光纤直放站、漏泄同轴电缆及天馈线等组成。控制中心设备到远端基站/远端调度台之间的信息通道,是通过专用传输系统提供的通道连接的。基站与中心无线交换机的网络结构,根据具体情况有多种方式可选,包括点对点、环型、链型等结构方式。基站到无线终端之间采用无线连接,无线电波通过漏泄同轴电缆和天线辐射传播。

运营专用无线通信系统每个小区,是根据城市轨道交通运行的特点,以车站划分,其中车辆段、停车场范围分别独立设置为一个小区,通过区域控制器的连接而构成分级管理区域网,相同的载波频率可在不同的工作小区同时使用。

基站各无线信道机通过功分器,将基站信号经天线和设置在区间的漏泄同轴电缆辐射出去,使列车司机、车站值班员、便携电台持有者能很好地收到来自调度员的信息。同样,列车司机、车站值班员、便携电台持有者的信号由漏泄同轴电缆或天线接收后,将信号传送到基站,使调度员收到相应的信息。光纤直放站主要是用于基站场强的延伸,在超长区间里起到中继作用,或其他需要特殊控制场强覆盖之处。

(二)运营专用无线子系统的频率

1.频率配置原则

频率配置的原则之一是尽可能降低和减少各种类型的频率干扰和提高频率的利用率。各种类型的频率干扰有同频干扰、邻道干扰、互调干扰等。频率配置应考虑如何降低和减少这些干扰,特别是三阶互调干扰。频率的有效利用包括射频的窄带调制、语音的压缩编码、信道的时分多址复用、多信道共用(集群)、频率的复用等。

频率配置的另一个原则是要充分考虑系统内设备对频率的技术指标要求,在基站系统中各载频须共用发射合路器、发射天线、接收天线、接收多路耦合器。

2.频率资源概况

800 MHz 频段数字集群系统的频段、频道间隔、双工间隔分别为工作频段 806~821 MHz(上行:移动台发、基站收)和 851~866 MHz(下行:基站发、移动台收),频道间隔 25 kHz,双工间隔 45 MHz。

为降低和减少各种频率干扰,特别是三阶互调干扰,频率配置通常采用无三阶互调频率指配或等间隔频率指配法。在集群通信中,通常采用 CCIR901 报告所建议的互调最小的等间隔频率指配。其中,800 MHz 集群通信系统占用 806~821 MHz(移动台发、基站收)和 851~866 MHz(基站发、移动台收)两段频率,收发间隔 45 MHz,每段 15 MHz,每个载频间隔为 25 kHz,总共 600 个载频。15 MHz 又分为 3 小段,每小段 200 个载频。每 200 个载频按等间隔指配。将 200 个载频分成 10 个大组,每大组 20 个载频;每大组分成 2 个中组,每中组 10 个载频,每中组组内频率间隔为 20 个载频;每中组分成 2 个小组,每小组内频率间隔为 40 个载频。

3.运营专用无线子系统的现场覆盖方式

沿线隧道区间主要采用漏泄同轴电缆辐射方式进行场强覆盖。站间距≥1 200 m 隧道采用 1-5/8″漏泄同轴电缆;站间距<1 200 m 隧道采用 1-1/4″漏泄同轴电缆。沿线车站站厅区(含出入口通道)及岛式和侧式车站站台区采用室内吸顶低廓天线进行场强覆盖。车辆段和停车场地面区域主要采用室外全向天线进行场强覆盖,覆盖区域仅限于车辆段和停车场范围,并采取适当降低天线高度、减小发射功率的办法,控制信号覆盖范围,以提高频率复用率。

三、运营专用无线子系统的设备组成

(一)控制中心设备

控制中心设备主要由数字集群交换控制设备、鉴权服务器、调度服务器(主备方式)、中心调度台(行车、维修、环控、防灾)、网管系统等组成。

(二)车站及区间设备

车站及区间设备主要由数字集群基站、车站值班员用固定台、漏泄电缆及天馈设备组成。

(三)停车场设备

停车场设备主要由数字集群基站、停车场调度台、固定台、光纤直放站、天馈设备等组成。

(四)车载/人员终端设备

车载/人员终端设备是指为满足车辆、停车场、维修、线路、供电、防灾等专业人员无线通信要求而配备的车载设备、手持台及配套的附件。

运营专用无线子系统体系结构:从地铁人员操作使用的角度,专用无线通信和指挥系统可分为操作应用层、服务支撑层、基础网络层。操作应用层包括各专业功能的调度台、无线调度台、网管终端、列车车载移动电台、车站固定电台和便携移动台。服务支撑层包括调度台服务器、数据应用服务器、录音服务器、网络服务器和模拟调度培训系统。基础网络层包括无线交换机、基站、中继器、漏泄电缆/天线和传输网络。

1.无线交换机

无线交换机是系统的交换和控制中心,通常设置在轨道交换控制中心。系统的服务功能主要靠无线交换来实现。交换机的主要性能特点包括以下几项:

(1)容错和故障弱化设计:无线交换机具有容错平台,具有性能可靠、处理能力高等优点。在交换机中,参与呼叫处理的所有模块均采用冗余配置,当一个模块出现故障时,交换机内部的故障恢复系统自动采用备用模块代替工作,并且内部的告警系统会终止差错部件的运行(故障隔离),因此不会对通信造成影响。

(2)独立的计算处理单元:无线数字交换机有多个相互交换信息的计算机处理器。它们采用相对独立的松散连接,双信息总线提供对这种松散的计算机处理器的支持。

(3)分布式结构:无线交换机的分布式结构支持一个通信进程与在其他计算机处理器中的通信进程的相互通信。通过这种方式,计算机的处理能力得到了优化。换言之,交换机的部分容量和处理能力可以根据具体的需求进行调整,而不影响整个系统的正常工作。所有的计算机处理器都有各自的逻辑地址,便于进行独立的功能设置。交换机的主要功能有数字交换、呼叫控制、通话时段分配、数据库服务、信令服务、集群通信管理、资源管理、用户号码管理、计费服务和统计服务等。

2.无线基站

基站为无线系统提供射频信号及空中接口,是专用无线通信系统的核心设备。基站通常设置在轨道线路的各个车站、车辆段和停车场。

基站与控制中心的无线交换机,通过传输链路提供的传输通道进行物理上的链路连接。传输链路为 G703 标准的 E1 接口。基站采用模块化结构。主要模块有传输模块、基带信号处理模块、基站控制模块、射频模块、电源模块、射频信号合路器模块、射频信号分路器模块、基站监测模块和结构(机柜、机架、电源、总线)。

3.光纤直放站

光纤直放站主要用于对无线信号弱场区进行补强,通常在长隧道区间使用。光纤直放站主要由光近端机、光纤、光远端机(覆盖单元)几个部分组成。光近端机和光远端机都包括射频单元(RF 单元)和光单元。无线信号从基站中耦合出来后,进入光近端机,通过电光转换,电信号转变为光信号,从光近端机输入至光纤,经过光纤传输到光远端机,光远端机把光信号转为电信号,进入 RF 单元进行放大,信号经过放大后送入发射天线,覆盖目标区域。上行链路的工作原理一样,无线终端及车台发射的信号通过接收天线至光远端机,再到光近端机,回到基站。光纤直放站近端机的监控接口通过 RS-232/RS-422 接口及传输系统与控制中心的集中网管系统相连。

4.漏泄电缆及天线

漏泄电缆主要用于对隧道区间/联络线/避车线等地的信号覆盖。天线主要用于站厅区域、车辆段区域、停车场区域和主要建筑物室内分布等区域的信号覆盖。

(五)运营专用无线子系统操作应用设备

1.调度台

调度台是城市轨道交通专用通信和指挥调度系统的核心设备,是 OCC/车辆段/停车场调度人员实施调度指挥的工具。调度台按使用功能可分为正线行车调度台、车辆段行车调度台、停车场行车调度台、环控调度台、电力调度台、维修调度台、防灾救灾调度台和总调度台等。

调度台是按用户需求进行定制开发,完全满足用户特殊需求的设备。调度台开发是利用 TETRA 基础网络系统提供的 API 开发接口,实现调度员通信所有操作功能的终端。调度台的硬件平台为主流的计算机,并配置 E1 接口卡、以太网卡、音频接口卡及音频附件组成。

调度台提供了友好的图形化人机界面 GUI,布局可由用户自由定制的方式,在保证显示重要信息和方便重要操作的前提下,尽可能增加显示的用户信息量及减少调度员操作的步骤,以达到调度员方便、快捷、准确地与通话对象建立通话的人机交互效果。根据信号系统提供的列车位置信号,列车将在调度台 GUI 界面以直观、实时、动态的画面显示在调度台上,列车位置的 GUI 界面与 ATS 信号系统风格保持一致性。行车调度员只要在调度台列车运行图的位置图标上点击即可发起呼叫,操作快捷直观。

2.车载无线电台

车载无线电台是司机在地铁运营过程中与调度人员、车站工作人员、防灾人员等进行通信的唯一工具。在每辆客运列车的两端,分别安装 1 套车载无线电台,供司机使用。在工程车的驾驶室中,通常也会安装工程车用的车载无线电台,供工程车司机使用。

车载无线电台通常由车载台主机、控制盒、天线、射频电缆、喇叭、麦克风、连接电缆、外部接口和安装辅件构成。车载无线电台按用户需求进行定制开发,完全满足用户的特殊需求。车载台控制系统装置采用了彩色屏幕,操作界面的设计色彩柔和,功能键内容形象化,为了便于使用人员的操作,可将常用功能如调度、急呼、车站、信息、换段、组呼等采用一级界面的一键通设计,避免操作时多层查找。

3.无线集中网管

无线集中网管主要实现对无线系统内各设备的监测和故障告警,具有很友好的中文操作界面,方便用户操作和查询。网管系统包括客户端和服务器端两部分。客户端主要是提供用户操作和监控的界面,服务器端主要是完成与各被管设备的通信及网管信息的维护。无线网管的硬件平台为主流的计算机,并配置 RS-422 接口卡。

无线网管系统按用户需求进行定制开发,完全满足用户的特殊需求。无线网管系统的主要功能为实现对 TETRA 主系统设备(交换机、基站)的监测和故障告警,实现本地显示并具有实时向故障告警终端传送信息的功能;对无线系统所辖范围内的调度台、车载台、光纤直放站、中心数据录音、无线系统电源等二次开发设备进行状态监测、故障告警并转发,以及设备参数的配置管理;故障告警终端支持各种故障告警信息的编辑、记录、存档、检索、显示、转存、打印及硬件拷贝输出等功能。

4.调度台服务器

调度台服务器(业内习惯称为 ATS 服务器)主要接收信号系统传送过来的列车位置、运行方向和车次号等实时信息,并实时传送至无线系统内的调度台、车载台和无线网管设备,以实现无线系统内部对车载台的自动调度通信功能。

调度台服务器的硬件平台为主流的计算机,并配置 RS-422 接口卡。

5.车站固定台

车站固定台用于为车站值班员提供语音和数据通信。固定台包括两部分:固定台主机和固定台控制盒,固定台主机通过连接电缆与控制盒连接在一起。在具体项目中,通常每个车站的车控值班室、停车场、车辆段都必配固定台。

车载无线电台按用户需求进行定制开发,完全满足用户的特殊需求。

固定台由机箱、机柜、电台主机、接口单元、控制盒、天线、电源设备单元和相应的控制软件等组成。

6.便携台

TETRA 便携台又称手持台,是地铁移动工作人员内部使用的专用通信工具,由手持台、电池、充电器组成。

第七章 轨道交通系统运管中的 AI 技术

第一节 AI 的发展概况

AI 的发展概况可以从其起因与技术层面来加以了解。

一、发展简史

1936 年,英国数学家艾伦·麦席森·图灵就曾在他的论文《理想计算机》中提出图灵模型,以及 1950 年在他的论文《计算机可以思考吗》提出机器可以思考的论述(图灵试验)。从那以后,人工智能的思想开始萌芽,为人工智能的诞生奠定了基础。

"人工智能"一词最早出现于 1956 年达特茅斯会议上,约翰·麦卡锡、马文·闵斯基、克劳德·香农、艾伦·纽厄尔、赫伯特·西蒙等科学家聚在一起,讨论用机器来模仿人类学习以及其他方面的智能学术问题。会议足足持续了 2 个月的时间,虽然大家在学术观点上没有达成共识,但是却为会议所讨论的内容起了一个名字:人工智能。从此,人工智能的概念就开始在世界上流行开来,1956 年也就成了人工智能元年。当时人工智能的主要研究方向和内容大体有博弈、翻译、定理的证明等。1980~1987 年间,随着理论研究和计算机软、硬件的迅速发展,美国、英国对人工智能开始投入了大量研究资金。随后许多研究人工智能的技术人员开发了各种 AI 实用系统,并尝试商业化投入市场,于是人工智能又开始兴起了一股浪潮。直到 20 世纪 90 年代,AI 领域遭遇低谷,专家系统无法应对复杂问题,发展陷入瓶颈。然而,随着互联网的普及,大数据成为推动 AI 发展的关键要素。

2010 年代起,深度学习技术的崛起改变了 AI 的命运,通过神经网络的层次化学习,取得了图像识别、语音识别等领域的重大突破。2020 年左右,随着计算能力、存储资源和网络带宽的飞跃式提升,云计算、超级计算、量子计算平台的构建与应用,以及大规模数据的不断积累,尤其是来自各行各业的需求驱动,人工智能的研发和应用到了真正万事俱备、水到渠成的时期,甚至驱动了第四次技术革命的到来。

二、人工智能的技术层面

人工智能的体系非常庞大,它所涉及的学科也非常多,包括数学、认知学、行为学、心理学、生理学、语言学等。人工智能技术层面的基础主要分为计算机视觉(视感)、自然语言处理、语音识别三个部分。要让机器理解人类的行为,首先要让它能看得懂和听得懂外界的信息,这样它才能准确地执行人们的指令。

(一)计算机视觉(视感)

计算机视觉(视感)的作用在于从图像或视频中提取符号与数值信息,在分析计算该信息的同时进行目标的识别、检测和跟踪等。其处理的图像一般分为静态图像和动态图像。识别静态图像时较为容易,只需将采集到的图像上传到计算机,并与数据库进行模糊对比即可。而识别动态图像时则比较麻烦,需要对拍摄场景中的所有信息进行整理和分类,然后通过智能设备进行处理与分析。

近年来,计算机视觉(视感)借助人工智能的理念与思路也发展了许多产业项目,如手机的人脸识别解锁和支付功能、识别动植物的 App,电子监控系统、车间生产零件的自动化控制处理等。计算机视觉(视感)作为一项模拟与扩展人类视觉能力的技术,是人工智能发展的重中之重,未来研究计算机视觉技术会遇到更多的困难和挑战,任重而道远。

(二)自然语言处理

自然语言处理是研究人与计算机通过自然语言进行有效通信的一项技术(又称为人机对话)。随着人工智能的发展,计算机要处理的问题越来越复杂,传统的编程语言已经明显不太实用,所以为了有效解决这个问题,需要让计算机自己学会人类的自然语言,如汉语、英语、日语、韩语等。当人们与计算机进行对话时,计算机就可以快速处理人们提出的请求,例如实时翻译、文献查找等。

自然语言处理是人与计算机直接沟通的桥梁,这是非常复杂的一步。因为自然语言不像机器编程语言一样严谨,而且在现实生活中,不同的人有不同的说话方式和习惯,甚至还有地方口音,计算机在接收时就可能无法明白甚至曲解其含义,执行成错误的结果,给人们带来麻烦。所以,为了使人类与人工智能在未来可以无障碍地交流,自然语言处理这项技术还需要不断更新与完善。

(三)语音识别

语音识别实际上就是把语音信号转化为文字或执行命令的一个过程。语音识别的主要方法为模式匹配法,首先将用户的词汇存入计算机的数据库中,然后与数据库里的每个模板进行相似度匹配,相似度最高的被筛选为识别结果输出。最早的语音识别技术源于贝尔实验室(Bell Labs)。目前,人们可以看到语音识别技术已经应用在各类生活服务终端及通信中。研究语音识别技术也是现在的主流趋势,我们要大力推动智能语音识别等人工智能的应用,取代大量、重复、繁杂的人工服务和工作内容,提高我们的工作水平与效率,朝着更先进的时代发展。

三、人工智能的应用领域

人工智能的应用领域非常广泛,几乎可以投入各行各业。其中,最引人注目的要数无人驾驶技术等。无人驾驶技术这个话题从 2016 年开始就经常被人们讨论。无人驾驶技术又称为轮式移动机器人,其工作原理为通过智能操纵系统和车载传感器感知当前路况、天气和周围车辆情况等来自动调整车辆(包括汽车、列车与各类交通工具)的速度和方向,实现无人驾驶。无人驾驶技术的出现可以代替手动驾驶、减少交通事故的发生、降低大气污染等。以下围绕计算机视觉(视感)技术在轨道交通系统中的应用作一较为详细的阐述。

第二节　人脸识别技术在交通运管中的应用

AI 在轨道交通中最为典型的应用实例要数人脸识别技术。随着高清视频技术的不断进步,为了提升社会公共环境的安全水平,人脸识别技术已经相当普遍地应用于社会服务与生活的多个方面。当前,国内外在轨道交通领域中已经相当普遍地采用人脸智能识别的方法来实现乘客身份的自动识别,因此能够为地铁运营维护、安保及应急突发事件提供便利的条件。人脸识别是一种生物特征识别技术,通过非接触式远距离采集生物特征,这是当前 AI 技术的重要组成之一。人脸识别技术的实现基本上通过三个技术流程:人脸检测、特征提取及人脸比对。

一、人脸识别理论基础

所谓人脸检测,即对环境中特定的人脸部位进行图像采集,并随之进行必要的图像预处理。

(一)人脸检测及其预处理

在采集人脸图像中需定位出人脸的具体位置。人脸检测通常采用人脸的最小外接矩形表示人脸大小与位置。图像的基本处理方法包括图像增强与滤波。图像增强的目的在于改善图像的视觉效果,便于人工或机器对图像的观察、分析和处理。从增强作用域出发,可以将图像增强分为空间域增强和频率域增强两种方法。前者直接对图像各像素进行处理;后者是对图像经傅里叶变换后的频谱成分进行处理,然后通过傅里叶逆变换获取所需的图像。至于何时采用何种增强方式,必须根据景物对象的环境条件和对图像处理、分析的技术目标来确定。滤波则有低通与高通两种之分,低通能够使图像得到平滑,高通能够使图像得到锐化。

1.空间域增强

空间域增强算法包括灰度变换、直方图修正、局部统计、图像平滑和图像锐化等算法。

(1)灰度变换。用于调整图像的灰度动态范围或图像对比度,具体通过修改像素值达到增强图像的目的。修改是通过各像素单独进行的,因此又称为点处理运算。

在曝光不足或曝光过度的情况下,图像灰度可能会局限在一个很小的范围内。此时,看到的图像可能是一幅模糊不清、似乎没有灰度层次的图像。采用线性变换对图像中的像素灰度进行线性拉伸,能够有效地改善图像的视觉效果。

以上所述为全幅图像的线性变换,此外,还有分段线性变换和非线性变换、伽马校正变换和非线性曲线变换等方法,其实质就是对变换函数采用不同的表达方式。

（2）直方图修正。是以概率论为基础通过修改直方图来增强图像的一种方法。灰度直方图反映了数字图像中每一灰度级与其出现频率间的关系，它能描述该图像的概貌。直方图修正法包括直方图均衡化及直方图规定化两类。

第一类，直方图均衡化。这是将原图像通过某种变换，得到一幅灰度直方图为均匀分布的新图像的方法。

用灰度映射值来修改对应的原始灰度值，即获得结果。采用这种映射变换后的像素灰度级数值将能够生成新的灰度直方图均衡化后的图像。

当然，在黑白图像增强处理过程中，有时还包括灰度级插值，最简单的插值方法是最近邻插值，即选择离它所映射到的位置最近的输入像素的灰度值为插值结果。

第二类，直方图规定化。在某些情况下，并不一定需要具有均匀直方图的图像，有时需要具有特定直方图的图像，以便能够增强图像中某些灰度级。

直方图规定化方法就是针对上述思想提出来的。直方图规定化是使原图像灰度直方图变成规定形状的直方图而对原图像进行修正的增强方法。可见，它是对直方图均衡化处理的一种有效扩展。可以说，直方图均衡化处理是直方图规定化的一个特例。

图像直方图规定化算法的基本思想在于原图和经直方图规定化修正后的图像灰度分布概率密度相等，因此可以将原图的直方图均衡化所求得的灰度分布概率密度作为直方图规定化修正后图像灰度分布概率密度，对直方图规定化修正图，再通过直方图均衡化变换函数的逆运算，来求取直方图规定化图像。

必须指出，利用直方图规定化方法进行图像增强的主要困难在于要构成有意义的直方图，因为图像经直方图规定化后，其增强效果要有利于人的视觉判读或便于机器识别。

（3）图像平滑。任何一幅原始图像，在获取和传输的任何过程中，均会受到各种噪声的干扰，使图像恶化、质量下降、图像模糊、特征湮没，势必不利于图像的分析。为了抑制噪声、提高图像质量所进行的处理称为图像平滑或去噪。它同样可以分别在空间域和频率域中进行。

①局部平滑法。是一种直接在空间域上进行平滑处理的技术。假设图像是由许多灰度恒定的小块组成的，相邻像素间存在很高的空间相关性，而噪声则是统计独立的。因此，可用邻域内各像素的灰度平均值来代替该像素原来的灰度值，实现图像的平滑。

必须指出，该算法的优点是运算简单，但它的主要缺点是在降低噪声的同时会使图像模糊，特别在边缘和细节处，而且邻域越大，在去噪能力增强的同时，模糊程度越加严重。

为克服简单局部平滑法的弊病，可以采用许多保存边缘和细节的局部平滑算法。它们的出发点都集中在如何选择邻域的大小、形状和方向，参加平滑的点数及邻域各点的权重系数等，如超限像素平滑法、中值滤波、灰度相近邻点平滑法等均是对上述算法的改进。

与局部平滑法相比，该算法对抑制椒盐噪声比较有效，对保护仅有微小灰度差的细节及纹理也有效。但是，随着邻域增大，去噪能力增强，模糊程度也会有所增大。为了既能抑制椒盐噪声，又能降低模糊程度、保存细节，可以采用中值滤波法对图像进行增强。

可以说，中值滤波法实际上是超限像素平滑法的一种变异，其算法步骤如下：第一步，将模板中心与像素位置重合；第二步，读取模板下各对应像素的灰度值；第三步，将这些灰度值从小到大排成一列；第四步，找出这些值里排在中间的一个；第五步，将这个中间值赋给模板中心位置像素。中值滤波器的消除噪声效果与模板的尺寸和参与运算的像素数有关,图像中尺寸小于模板尺寸一半的过亮或过暗区域将会在滤波后被消除。

②灰度相近邻点平滑法。该算法的出发点是在 $M×N$ 的窗口内,属于同一集合体的像素,它们的灰度值与高度相关。因此,可用窗口内与中心像素的灰度最接近的 K 个相邻像素的平均灰度来代替窗口中心像素的灰度值。这就是灰度相近邻点平滑法。较小的 K 值使噪声方差下降较小,但保持细节效果较好;而较大的 K 值使平滑效果较好,但会使图像边缘模糊。试验证明,对于 3×3 的窗口,取 $K=6$ 为宜。

(4)图像锐化。对图像的识别过程,经常需要突出边缘和轮廓信息,尤其是因镜头运动而产生模糊的图像。图像锐化就在于增强图像的边缘或轮廓。

图像平滑是通过积分过程使图像边缘模糊,图像锐化则是通过微分过程而使图像边缘突出和清晰。常用的图像锐化方法有梯度锐化法和 Laplacian 增强算子算法两种。

2.频率域增强算法

图像的平滑除在空间域中进行外,还可以在频率域中进行。频率域增强算法包括低通滤波增强、高通滤波增强和同态滤波增强等算法。

(1)低通滤波增强算法-频率域平滑法。由于噪声主要集中在高频部分,为去除噪声提高图像质量,通常采用低通滤波器来抑制高频成分,通过低频成分,然后进行傅里叶逆变换获得滤波图像,就可达到平滑图像的目的。常用频率域的低通滤波器有理想低通滤波器、Butterworth 通滤波器、指数低通滤波器和梯形低通滤波器四种。

(2)高通滤波增强算法-频率域锐化法。图像的边缘、细节主要位于高频部分,而图像的模糊是由于高频成分比较弱产生的。频率域锐化就是为了消除模糊、突出边缘。采用高通滤波器能够让高频成分通过、低频成分削弱,经过高通滤波后的图像数据再经傅里叶逆变换便得到边缘锐化的图像。常用的高通滤波器有理想高通滤波器、Butterworth 高通滤波器、指数高通滤波器和梯形高通滤波器四种。四种高通滤波函数的选用原则类似于低通滤波器的选用原则。比较四种高通滤波,理想高通滤波有明显振铃效应;Butterworth 高通滤波效果较好,但计算复杂,其优点在于允许少量低频通过,振铃效应不明显;指数高通滤波效果比 Butterworth 滤波差些,振铃效应不明显;梯形高通滤波会产生微振铃效应,但计算简单,较常用。一般来说,不管是在图像空间域还是在频率域,采用高频滤波不但会使有用的信息增强,同时也使噪声增强,因此不能随意使用。

3.图像边缘检测

所谓图像边缘,是指图像中表达物体的周围像素灰度发生阶跃变化的那些像素集合,它存在于目标与背景、目标与目标、区域与区域、基元与基元之间。物体边缘在图像中以局部不连续性作为一种表现特征。从本质上讲,物体边缘意味着一个区域的终结和另一个区域的开始。图像边缘在图像分析与视感检测中都是一项十分重要的特征信息。

图像边缘具有方向和幅度两个特性,通常沿边缘走向的像素变化平缓,沿垂直于边缘走向的像素变化剧烈,因此可以利用图像边缘的这两个特性来判断边缘像素点的分布与走向。对边缘特征的描述一般包含:边缘点,即紧邻该点的两边像素灰度值与其有显著的不同;边缘法线方向,即灰度变化最剧烈的方向;边缘方向,即与边缘法线垂直的方向,亦即目标边界的切线方向;边缘位置,即边缘所在的坐标位置;边缘强度,即沿边缘法线方向局部灰度的变化强度。

当前学术界将物体边缘分成两类:其一,阶跃边缘,其两边像素的灰度值有显著不同;其二,屋顶边缘,被测像素点位于灰度值从增加到减少的变化转折处。不同类的边缘特征分别对应景物的不同物理状态。

图像边缘检测是所有基于边界的图像分割算法中最基本的处理方法,是对图像处理、图像分析、模式识别、机器视感检测的基本步骤之一。通常情况下,人们可以将信号中的奇异点和突变点认为是图像中的边缘点,其附近灰度的变化情况可从它相邻像素灰度分布的梯度反映出来。因此,根据这一特点,人们提出了许多边缘检测算法,主要是以微分法为基础,结合模板手段提取图像边缘。常用的边缘检测算法包括 Roberts 算子、Sobel 算子、Prewitt 算子及 Laplacian 算子等算法。这些方法大多是以待处理像素为中心的邻域作为灰度分析的基础,以便实现对图像边缘的提取。图像边缘检测的算法多达成千上万种,就其较为经典的算法而言,主要有基于灰度直方图的门限化边缘检测、基于梯度的边缘检测、Laplacian 算子和 Canny 边缘算子检测等。

(1)门限化边缘检测。所谓门限化,就是将灰度根据主观愿望分成两个或多个等间隔或不等间隔灰度区间,用门限确定其区域而获得区域的边界。

基于灰度直方图的门限化边缘检测方法是设置灰度的二值状态,借助直方图使用门限根据指定的灰度级将直方图分割成分别属于两个灰度级的两部分,确定物体图像和背景的灰度突变位置。门限化方法可通过两次扫描与一次合成来完成。

(2)基于梯度的边缘检测。所谓基于梯度的边缘检测,就是基于图像边缘灰度突变的特性,利用像素点梯度值来区分边缘点和非边缘点。其中,梯度阈值的选取十分重要,它是确保能否提取出真实边缘点的关键所在。基于梯度的边缘检测较适用于边缘灰度值过渡比较尖锐而且图像中噪声比较小的图像。基于梯度的边缘检测算法中最为常用的经典算子包括 Roberts 算子、Sobel 算子、Prewitt 算子、Krisch 算子等。

(3)Laplacian 算子。鉴于一阶导数的边缘检测算法,当所求的一阶导数高于某一阈值时,可以确定该点为边缘点,但是,仅此有可能导致检测的边缘点太多。要克服这类算法上的缺陷,可以采用一种更好的方法,就是求取梯度局部最大值对应的点,并认定它们是边缘点。一阶导数的局部最大值对应的点就是二阶导数的零交叉点。这样,通过找图像强度二阶导数的零交叉点就能找到精确边缘点。

高斯-拉普拉斯算子是两种算子的结合,既具备高斯算子的平滑特点,又具备拉普拉斯算子的锐化特点。平滑和锐化、积分和微分是一对矛盾的两个面,统一在一起后就变成了最佳因子。因为图像中包含噪声,平滑和积分可以滤掉这些噪声,消除噪声后再进行边缘检测的锐化和微分,因此能够得到较好的效果。

随着新理论与新算法的不断出现,一些新的图像边缘检测方法也相应出现。这些新的算法对噪声有很好的抑制作用,而且能够更好地检测边缘细节信息,如 Canny 边缘算子、数学形态学法、小波分析法、神经网络法、模糊算子法及多尺度边缘检测法等。

(4)Canny 边缘算子。这是一类最优边缘检测算子,它在许多图像处理领域得到了广泛应用。Canny 边缘算子的检测指标是:低误判率,尽可能多地标识出图像中的实际边缘;高定位精度,标识出的边缘要尽可能与实际图像中的实际边缘接近;抑制虚假边缘,即最小响应,图像中的边缘只能标识一次,并且可能存在的图像噪声不应标识为边缘。

为了满足这些要求,Canny使用了变分法,最优检测使用四个指数函数项的和表示,这是一种寻找满足特定功能函数的方法。Canny边缘算子的基本思路如下:

第一,降噪。任何边缘检测算法都不可能在未经处理的原始数据上很好地工作,所以第一步是对原始数据与高斯卷积核做卷积,得到的图像与原始图像相比有些轻微模糊。这样,单独的一个像素噪声在经过高斯平滑的图像上变得几乎没有影响。

第二,寻找图像中的亮度梯度。图像中的边缘可能会指向不同的方向,所以Canny算法使用4个卷积核检测水平、垂直及对角线方向的边缘。原始图像与每个卷积核所做的卷积都存储起来。对于每个点,我们都标识在这个点上的最大值及生成的边缘方向。这样我们就从原始图像生成了图像中每个点亮度梯度图及亮度梯度的方向。

第三,在图像中跟踪边缘。通过大量的试验发现,所有图像梯度直方图具有相似的统计分布规律。

梯度值较低的主体高峰部分对应图像中的非边缘区域,而梯度值较高的平缓尾部对应边缘区域。在概率论中,梯度均值是一个描述主体梯度值集中位置的统计特征,标准差则是一个将主体高峰与平缓尾部分开的统计特征。

但是没有一个确切的值来限定多大的亮度梯度是边缘,所以Canny使用了滞后阈值。滞后阈值需要两个阈值——高阈值与低阈值。假设图像中的重要边缘都是连续的曲线,这样就可以跟踪给定曲线中模糊的部分,并且避免将没有组成曲线的噪声像素当成边缘。所以,从一个较大的阈值开始,将标识出人们比较确信的真实边缘,使用前面导出的方向信息,就可以从这些真正的边缘开始在图像中跟踪整个边缘。在跟踪的时候,只要使用一个较小的阈值,就可以跟踪曲线的模糊部分,直至回到起点。

(5)数学形态学。数学形态学的数学基础和所用语言是集合论,数学形态学能够简化图像数据,保持它们基本的形状特性,并除去不相干的结构。数学形态学是由一组形态学的代数运算子组成的,它的基本运算有4个:膨胀、腐蚀、开启和闭合。数学形态学分为二值形态学和灰度形态学两大类,它们在二值图像和灰度图像中各有特点。运用于二值图像的形态学称为二值形态学,运用于灰度图像的形态学称为灰度形态学。基于这些基本运算还可推导和组合成各种数学形态学实用算法,用它们可以进行图像形状和结构的分析及处理,包括图像分割、特征抽取、边界检测、图像滤波、图像增强和恢复等。数学形态学的算法具有天然的并行实现结构,实现了形态学分析和处理算法的并行,大大提高了图像分析和处理的速度。

所谓结构元素,是在数学形态学方法中用于收集图像信息的"探针"。当探针在图像中不断移动时,考察图像各个部分之间的相互关系,了解图像的结构特征。作为探针的结构元素,可直接携带知识,如形态、大小,甚至加入灰度和色度信息,来探测、研究图像的结构特点。

所谓膨胀运算,是指将与某物体接触的所有背景点合并到该物体中的过程,过程的结果是使物体的面积增大到相应数量的点。如果物体是圆的,它的直径在每次膨胀后将增大2个像素;如果两个物体在某一点的任意方向相隔少于3个像素,它们将在该点连通起来。二值形态学中的膨胀运算对象是集合,用二值结构元素对二值图像进行膨胀的结果就是把结构元素平移后使两者交集非空的点构成一个新的集合。灰度形态学是二值数学形态学对灰度图像的自然扩展。灰度形态学的运算对象不是集合,而是图像函数。在灰度形态学中,二值形态学中用到的交、并运算将分别用最大、最小极值运算代替。灰度图像的膨胀过程可直接从图像和结构元素的灰度级函数计算出来,膨胀运算的计算是一个点一个点地进行,计算时涉及它周围点的灰度值及结构元素值,实际上是局部范围内点与结构元素中对应点灰度值之和,选取其中最大值,所以膨胀运算之后,边缘得到了延伸。

所谓腐蚀运算,是消除物体所有边界点的过程,其结果是使剩下的物体沿其周边比原物体小一个像素的面积。如果物体是圆的,它的直径在每次腐蚀后将减少 2 个像素,如果物体在某一点处任意方向上连通的像素小于 3 个,那么该物体经过一次腐蚀后将在该点分裂为 2 个物体。用二值结构元素对二值图像进行腐蚀,结果就是把结构元素平移,使二值结构元素中包含所有二值图像的点构成一个新的集合。灰度图像的腐蚀过程同样可直接从图像和结构元素的灰度级函数计算出来,腐蚀运算也是一个点一个点地进行,某点的运算结果是它在一个局部范围内的点与结构元素中对应点的灰度值之差,选取其中最小值。可见经腐蚀运算后,边缘部位相对大点的灰度值会降低,从而边缘会向灰度值高的区域收缩。

所谓开启运算,是指先腐蚀后膨胀的过程,它具有消除细小物体、在纤细处分离物体和平滑较大物体边界的作用。

所谓闭合运算,是指先膨胀后腐蚀的过程,它具有填充物体内细小空洞、连接邻近物体和平滑边界的作用。

(6)其他算法简介。小波分析法:从信号处理的角度,图像边缘表现出信号的奇异性,而在数学上已经证明 Lipschitz 指数可由小波变换的跨尺度极大值计算出来,所以只要检测小波变换的模极大值即可检测出边缘。适用小波的多尺度性可以实现在大尺度下抑制噪声,可靠地识别边缘,在小尺度下精确定位。

(二)图像二值化处理与图像分割

图像二值化处理是图像分割的基本方法。概括地说,所谓二值化是通过对阈值的比较,将图像的灰度按照"1"或"0"两值来表达,从而使图像显示出景物与背景的黑、白两色。

图像分割就是要将图像分为一些有意义的区域,然后对这些区域进行描述,以便提取某些目标区域图像的特征,判断图像中是否有感兴趣的目标景物。换句话说,图像分割是把图像阵列分解成若干个互不交叠的区域,每一个区域内部的某种特性或特征相同或接近,而不同区域间的图像特征则有明显差别,即同一区域内部特性变化平缓,相对一致,而区域边界处则特性变化比较剧烈。

用作图像分割的度量准则不是唯一的,它与应用场景图像及应用目的有关。如用于图像分割的场景图像特征信息有亮度、色彩、纹理、结构、温度、频谱、运动、形状、位置、梯度和模型等。实现图像分割的方法很多,以下介绍一些常用的图像分割算法。

1.基于直方图谷点门限的图像二值化方法

所谓基于直方图谷点门限的图像二值化方法,即根据图像直方图分布特性对图像进行分割。比如,当图像的灰度直方图为双峰分布时,分割比较容易,只需取其谷点作为门限值,就能将物体与背景分割开来。

2.OTSU 算法

OTSU 算法又称为最大类间方差法,是图像分割中基于点的全局阈值选取方法中的一种。该方法以其计算简单、稳定有效等特点一直被广为使用,至今仍在 Matlab 的图像处理工具箱里作为灰度图像单阈值自动选取的标准算法。

(三)彩色图像增强

彩色图像增强算法是在黑白图像增强算法的基础发展起来的,但是它又在描述方法上区别于黑白图像。所谓彩色空间,是表示彩色的一种数学描述方法,用来指定和产生景物及其图像的色彩,或称颜色,使景物及其图像颜色形象化。由描述彩色的数学模型所构成的数学空间称为彩色空间。不同的彩色数学模型构成不同的彩色空间,又称彩色空间模型。彩色空间模型通常采用三维模型表示,彩色空间中的每一种颜色由描述该颜色在彩色空间中位置的一组坐标参数(三个坐标参数)来指定。

各种各样的彩色空间可以适用于不同的应用场合。例如,表示数字摄像机等光电设备的 RGB 空间、表示打印设备的 CMYK 空间、表示电视信号的 YCbCr 空间和表示人类颜色感知特性的 HSV 空间等。"彩色空间模型"与"彩色空间"具有同等概念,对于描述彩色图像过程,两者相互替换使用时没有任何区别。

色调又称为色相,是视觉系统对光波波长的感觉,用于区别颜色的名称和种类,是最容易把颜色区分开的一种属性。色调取决于可见光谱中的光波频率(主波长),没有主波长的颜色,称为无色彩的颜色,如黑、灰、白等。

饱和度是指颜色的纯洁性,它可用来区别颜色鲜艳的程度。当一种颜色渗入其他光成分愈多时,就说该颜色愈不饱和。完全饱和的颜色是指没有被渗入白光所呈现的颜色(单波长的纯色光)。例如,仅由单一波长组成的光谱色就是完全饱和的颜色。

亮度是一种物理属性。颜色的强度可以用不同的术语和方法来描述,如明度、亮度和光亮度。明度是一种感知属性,度量困难;亮度是一种物理属性,容易测量;光亮度是视觉对亮度的感应值,介于明度和亮度之间,可以计算,但与真正的感知特性还有一定差别。明度是视觉系统对可见物体发光(或光反射)多少的感知属性,它和人的感知有关。由于明度很难度量,因此国际照明委员会定义了一个比较容易度量的物理量,称为亮度。根据国际照明委员会的定义,亮度是用反映视觉特性的光谱敏感函数加权之后得到的辐射功率,并在 555 nm 处达到峰值,它的幅度与物理功率成正比。从这个意义上说,可以认为亮度就是光的强度。亮度的值用单位面积上反射或者发射的光的强度表示,单位为烛光/米^2(cd/m^2)。1 烛光等于发出频率为 $540×10^{12}$ Hz 辐射的光源,在给定方向的发光强度,此光源在该方向的辐射强度为 1/683 瓦/球面度。亮度也可以用光通量单位流明(lumen,缩写为 lm)来表示。lm 等于 1 cd 的均匀点光源在单位立体角内发出的光通量。对于光源,以流明和烛光/米^2 为单位表示光亮度时,在数值上是相等的。实际上常用指定的亮度即白光作参考,并把它标称化为 1 或者 256 个单位。

HSV 彩色空间模型具有两个重要特征:第一,V 分量与图像的颜色信息无关;第二,H 和 S 分量与人眼获得颜色的方式密切相关。这些特征使得 HSV 模型非常适合借助人的视觉系统来感知颜色特性的图像处理算法。在 HSV 彩色空间模型中,对一种纯色加入白色可以改变其色浓,加入黑色可以改变其色深。同时加入不同比例的白色与黑色最终可以得到不同色调的颜色。

图像增强是指采用脉冲耦合神经网络法模拟与特征有关的神经元同步行为来展示脉冲发放现象的连接模型,对车厢内针孔摄像头实时采集到的图像进行增强。脉冲耦合神经网络法(pulse-coupled neural networks,PCNN)是一种模拟与特征有关的神经元同步行为来展示脉冲发放现象的连接模型。因此,它与视感神经系统的感知能力有天然的联系。

由于常规图像中边缘两边的像素亮度强度差总比区域内空间邻近的像素亮度强度差要大,因此若采用 PCNN 进行二维图像处理,每个神经元与图像像素一一对应,其亮度强度值作为神经元的外部刺激,则在 PCNN 内部,空间邻近、强度相似的像素集群能够同步点火,否则异步点火。这在图像增强中表现为同步点火对应的图像像素呈现相同的亮度强度值,从而平滑了图像区域;异步点火对应的图像像素呈现不同的亮度强度值,从而加大了图像区域间亮度强度的梯度,进而更加突出了图像的边缘,使得增强后的图像亮度强度分布更具有层次性。在标准的 PCNN 模型中,由于硬限幅函数的作用,其输出是一个二值图像帧。为了使所建立的 PCNN 输出映射函数能更有效地增强图像整体对比度,则基于上述的人眼视觉感知特性,采用类对数映射函数,将图像的亮度强度映射到一个合适的视觉范围。该方法的最大优点在于它与视觉神经系统的感知能力有着天然的联系,使得该模型不仅能较好地平滑图像区域、突出图像边缘,而且能明显地改善彩色图像的视觉效果、增强图像色彩的真实效果。彩色图像的增强还离不开直方图均衡化过程。

RGB 和 HSV 分别为图像彩色空间的描述方式。前者的空间向量$[HSV]^T$不仅代表 R、G、B 三基色的色彩,也表示三基色的亮度,RGB 三色之间存在很大的相关性。换句话说,通过$[HSV]^T$三元素的不同取值,能够形成不同的颜色效果。后者是根据颜色的直观特性创建的一种包含色调 H、饱和度 S 和亮度 V 的三维彩色空间模型,也称六角锥体模型。在这个彩色空间模型中,色调 H 用角度度量,取值范围为 0°~360°。从红色开始按逆时针方向计算,红色为 0°,绿色为 120°,蓝色为 240°。它们的补色:黄色为 60°,青色为 180°,品红为 300°。饱和度 S 取值范围为 0~1.0,亮度 V 取值范围为 0(黑色)~1.0(白色)。如纯红色是$[HSV]^T$—$[011]^T$,而 S=0 表示非彩色,在这种情况下,色调未定义。

(四)彩色图像色阶直方图均衡化

彩色图像的增强同样离不开直方图均衡化过程。彩色图像均衡化与黑白图像均衡化的区别在于:前者是在色调不变前提下的亮度直方图均衡化,故亦称色阶直方图均衡化。

色阶直方图均衡化实际上就是对图像某个或多个颜色通道进行灰度直方图均衡化运算。常见的方法有以下 3 种:

（1）统计所有 RGB 颜色通道的直方图数据并做均衡化运算,然后根据均衡化所得的映射值分别替换 R、G、B 通道颜色值。

（2）分别统计 R、G、B 颜色通道的直方图数据并做均衡化运算,然后根据 R、G、B 的映射值分别替换 R、G、B 通道颜色值。

（3）用亮度公式或求 RGB 平均值的方式计算亮度通道,统计亮度通道的直方图数据并做均衡化运算,然后根据映射值分别替换 R、G、B 通道颜色值。

上述（1）和（2）两种均衡化方法没有本质上的差别,而且其计算方法与黑白图像灰度直方图均衡化算法相同。方法（3）也不过是在进行均衡化算法之前,先将彩色亮度通过彩色空间转换方式进行转换,以转换后的亮度进行亮度色阶（灰度级）的统计运算,在生成亮度色阶映射值后分别替换 R、G、B 通道颜色值,最后形成一幅新的彩色均衡化图像,因此能够使得原始彩色图像得到明显增强。

（五）彩色图像的边缘检测

通过研究已经发现,彩色图像如果采用基于灰度的边缘检测,就会有 10% 的边缘被漏检。这是因为灰度图像边缘被定义在亮度函数的不连续处,不连续的精确定义会随着具体的边缘检测算子不同而不同。对于彩色边缘,也可根据彩色空间中的某种不连续性来定义边缘,而且有三个可选方法来定义这种不连续性:在彩色空间上建立一种可度量的距离,利用这个距离的不连续性来检测彩色边缘的存在性;在彩色图像的红、绿、蓝三个基色分量上独立地计算其边缘,然后将这三个基色分量的边缘用某种方法组合在一起;允许在各分量上计算边缘时有较大的独立性,但对各分量加上某些一致性限制以便同时利用三个分量上的边缘信息。

1.基于梯度极值的彩色图像边缘检测

一般来说,对于黑白灰度图像,采用梯度算子无法给出真正理想的边缘,其主要原因如下:梯度算子是一种多值响应算子;梯度算子没有严格的定位功能;梯度算子需要将局部特征值,即通过各像素点的微分强度值,来进行总体分类判决。因此,必须寻求一种修正算法,即在尽可能小的局部区域内直接进行边界像素归属的判决,其结果将不受图像各区域光线照度不均匀的影响。

对于彩色图像的边缘检测, 为了叙述方便,以 HSV 彩色空间模型为例。在 HSV 彩色空间中,设计一个梯度极值算子窗口,在窗口内直接提取边缘特征像素。在一个小的直线邻域内,该像素点的彩色梯度将具有极大值。反之,如果在图像平面的某一个直线方向上,一像素在该方向上的梯度绝对值是其邻域内像素中的极大值,则该像素可能是边界像素。因此,如果能将在某一方向上具有直线邻域内像素梯度极大值的所有像素提取出来,则其集合必将包括全部边界点像素。

2.彩色图像边缘检测实用方法

首先将原图从 RGB 空间转换为 HSV 空间模型,然后按照检测步骤通过对彩色图像的色调、饱和度和亮度的梯度计算来进行边缘检测。换句话说,边缘细化的目的是将有一定宽度的边缘变窄,并保持其形状的拓扑结构不变,可以大大减少边缘的数据量。边缘细化可以采用 Hilditch 细化算法和 Sobel 细化算法。

（1）Hilditch 细化算法。该算法适用于输入图像为 0 和 1 的二值图像。像素值为 1 的区域是需要细化的部分，像素值为 0 的区域是背景。

（2）Sobel 细化算法。Sobel 细化算法适用于边缘检测后的边缘图像。

第一步，对已经检测出的边缘图像采用 Sobel 算法再做一次边缘检测，可得到边缘两侧的边界。

第二步，将原先的边缘图像与再次经过 Sobel 处理的图像相减，将得到一幅边缘更加尖锐的增强效果边缘图像。

第三步，当采用其他方法得到的边缘非常模糊和微弱时，可重复采用 Sobel 算法进行 2~3 次的重复运算，直至边缘达到清晰而且尖锐。

必须指出，由于细化处理会使信号度减弱，凡是已达到细化要求的部分，在后面的细化过程中应该使其保留原来结果，不需要再做处理。

二、人脸图像特征提取

特征提取涉及的面很广，它和识别物体的各种物理、形态性能有很大关系，因而有各种各样的特征提取方法。图像特征可以从全局着眼，也可以从局部提取。着眼于图像局部特征的目的在于大幅度地减少识别过程的运算量，这种识别基本思想特别适用于飞行器对目标物体进行识别的快速运算。特征提取是一种基于特征量的统计模式识别方法，主要包括两大步骤：一是提取可表示模式的特征量；二是在特定的分类准则下，确定待识别目标物体所属的类。

（一）决策理论方法

无论是从全局还是从局部提取特征，其统计模式识别方法最终都要归结到分类问题上来实施决策与判断。假如已经从图像中抽取出 N 个特征，而图像可以分为 C 类，那么就可以对图像的 N 个特征进行归类，从而决定待测目标属于 C 类中的哪一类。

（二）统计分类法

基于决策理论的分类方法是在没有噪声干扰的情况下进行的，此时测得的特征的确能代表模式。如果在抽取特征时存在噪声，那么被抽取的特征就有可能代表不了模式（图像），这时就要用统计法进行分类。

用统计方法对图像进行特征提取、学习和分类是研究图像识别的主要方法之一。统计方法的最基本内容之一是贝叶斯分析，其中包括贝叶斯决策方法、贝叶斯分类函数、贝叶斯估计理论、贝叶斯学习方法、贝叶斯距离等。

（三）图像识别过程特征分类判别相似度

有了特征向量后，就可以通过建立已知训练样本特征向量与测试目标（样本）特征向量之间的相似度来实现对测试目标的识别。如何建立特征向量相似度就是所谓的分类原则。分类原则可以根据先验知识或者事先的多次试验和现场观测来确定。

第三节 人脸识别实用算法

人脸识别的特征提取过程首先是对人脸检测步骤中定位出的各个人脸通过空间变换、降维、机器学习等方法对特征进行提取,并使用特征向量的形式表示人脸特征。一张人脸图像对应唯一的一个特征向量,而该特征向量通过变换唯一对应原始的人脸图像。通过人脸特征提取后,即可建立人脸图像和其特征向量的对应关系。主流的人脸识别方法可以大致分为基于几何特征匹配的方法、基于特征脸的方法、基于"弹性束图"匹配的方法、基于神经网络的方法、基于支持向量机(SVM)的方法和基于隐马尔可夫模型(HMM)的方法。

一、基于几何特征匹配的人脸识别算法

鉴于所有的人脸都是由眼睛、鼻子和嘴巴等器官构成的,虽然这些器官的大小和形状会因人脸的不同而有所不同,但它们的形状和分布结构都存在一定的规律性,因此对它们的几何描述可以作为人脸识别的重要特征。其中,图像预处理即图像灰度化、图像滤波、直方图均衡化等系列运算与处理。以下着重阐述人脸器官定位与特征提取算法。

(一)人脸器官定位方法

在人脸识别中,为了寻找人脸上特征较为突出的部位,一般会选取眼、鼻和嘴巴作为识别的主要特征,因此需要对眼睛、鼻子和嘴巴进行定位。其中最主要的是人眼的定位,因为人眼特征相对稳定,不易受光照或表情变化的影响,而且眼睛的精确定位对于鼻子、嘴巴的定位有重要的参照作用。

1.眼睛定位常用方法

一般定位方法有灰度投影法、模板匹配法、Hough 变换法、神经网络算法等。

(1)灰度投影法。通过对人脸图像进行水平方向和竖直方向的投影,根据波峰/波谷的分布信息来定位眼睛。该方法定位速度较快,但对人脸和姿态的变化鲁棒性较差。

(2)模板匹配法。采用模板匹配法可以利用数据库中的眼睛图像模板,直接对眼睛进行定位。但是,模板匹配法所需的计算量大,对图像的尺度和光照情况较敏感。

(3)Hough 变换法。是在边缘检测的基础上,通过模板检测眼睑或瞳孔的圆形特征进行眼睛定位。但是 Hough 变换法需要大量预处理,计算量较大。Hough 变换的基本原理是将影像空间中的曲线(包括直线)变换到参数空间中,通过检测参数空间中的极值点,确定出该曲线的描述参数,从而提取影像中的规则曲线。Hough 变换可以用一定函数关系描述的曲线描述检测图像中的直线、圆、抛物线、椭圆等形状,它在影像分析与模式识别等很多领域中得到了成功应用。

2.眼睛定位流程

一般来说,人脸的眉眼区域具有固定的图像角点特征:眼白边缘较亮,灰度值较高,并

且瞳孔与眼白的相交处、眼睛与皮肤之间的灰度都存在明显的突变,即角点信息较为丰富;瞳孔与眉毛是该区域中灰度值较低的地方,而眉毛区域的灰度的变化频率低,没有明显的突变,即角点信息较为缺少。

(二)角点检测算法

对粗略截取的人眼区域,选定窗口并在图像中不断移动。

对于图像角点的判断,需要将角点函数值与设定的阈值进行比较,只有当函数值大于设定的阈值时,才能判图像角点存在。而对于阈值的选定,时常需要根据实际情况来确定(选择),因为图像角点具有冗余性。

(三)眼睛区域粗定位法

采用局部 M 矩阵,得到最小特征值后,在每个像素点周围的邻域中找出其中最大的特征值,最后与设定的角点之间的最小距离进行比较(与阈值比较),来判断是否为角点。

二、基于特征脸的识别算法

基于特征脸的方法是利用主分量分析(principal component analysis,PCA)方法将人脸图像映射到低维空间来实现识别结果。该方法既能提高算法准确率,又能降低运算复杂度。PCA 是一种基于目标统计特性的最佳正交变换。该变换算法能够使变换后产生的新分量正交或不相关,以部分新分量表示原向量均方误差最小,具有使变换向量更趋稳定、能量更趋集中等特点,因此使得它在特征提取方面有极为重要的应用。主分量分析是多变量分析的经典技术,于 1901 年由 Pearson 引入生物理论研究,Karhunen 在 1974 年用概率论形式来进行表示,Loéve 随后发展和完善了这一理论,所以 PCA 有时又称为 K-L 变换(Karhunen-Loeve transformation)。由于该变换计算量小,能很好地用于实时处理,因此采用 PCA 进行特征提取是降维处理的一种良好方案。

(一)主分量分析原理

众所周知,数据集所包含的属性可以从十几个到上百个不等,随着信息收集手段的发展,高达上千个属性的数据集早已司空见惯。虽然数据集的每个属性都提供了一定的信息,但其提供信息量的多少及重要性是有差异的,而且在许多情况下,属性间存在着不同程度的相关性,导致这些属性所提供的信息必然有一定的重叠。换句话说,经统计发现,异常行为往往只集中在少部分属性上,如果将算法应用在全部的属性上,不仅会耗费时间,增加计算的复杂性,还会影响数据分类的正确性。因此,人们希望从数据属性中提取出主要属性,用较少的互不相关的新变量来分析问题。主分量分析正好能满足这一要求,它能够很好地处理高维数据,使得低维数据能够在二乘误差最小的意义下描述高维原始数据。

(二)核主分量分析

上述 PCA 仅涉及在输入(数据)空间上的计算。当我们考虑另一种形式的 PCA,即计算在特征空间上进行,而且它和输入空间是非线性的关系时,称为线性不可分问题。这时就要运用到核主分量分析方法。尽管输入空间和特征空间存在非线性关系,即核 PCA 是非线性的,然而它并不像其他形式的非线性 PCA,核 PCA 的实现仍然可以依赖线性代数,因此我们可以将核 PCA 看作是一般 PCA 的自然扩展。

核主分量分析是引入核函数将 PCA 推广为核 PCA(kernel principal component analysis,KPCA),首先将输入空间映射到高维特征空间,再在特征空间进行主分量分析。KPCA 的内积核函数依据 Mercer 定理,所使用的特征空间是在该内积核定义的特征空间。KPCA 直接起源于 PCA,唯一的区别在于应用空间不同。

(三)基于主分量分析的人脸识别

利用主分量分析原理及其方法实施对图像的识别过程大体上可以包含导入系统训练样本集、进行训练样本特征值和特征向量的计算、导入测试样本集、计算待测试图像特征向量及分类识别等步骤。

以人脸识别为例,其本质是三维塑性物体二维投影图像的匹配问题。它的难度如下:人脸塑性变形(如表情等)的不确定性;人脸模式的多样性(如胡须、发型、眼镜、化妆等);图像获取过程中的不确定性(如光照的强度、光源方向等)。识别人脸主要依据人脸上的特征,也就是说,依据那些在不同个体之间存在的较大差异特征,而对于同一个人则存在相对比较稳定特征的度量。由于人脸变化复杂,一般来说,其特征描述和特征提取较为困难。识别过程可以分如下若干步骤。

1.人脸图像预处理

在对人脸图像进行特征提取和分类之前一般需要做几何归一化和灰度归一化处理。几何归一化是指根据人脸定位结果将图像中人脸变换到同一位置和同样大小。灰度归一化是指对图像进行光照补偿等处理,光照补偿能够一定程度地克服光照变化的影响而提高识别率。

2.导入人脸训练样本

导入人脸训练样本即读入每一个二维的人脸图像数据并转化为一维的向量,对于不同表情的人脸图像,选择一定数量的图像构成训练集。

三、基于"弹性束图"匹配的人脸识别算法

"弹性束图"匹配算法的主要思想是,首先选取一些位置较为特殊的点作为特征点;然后滤波器对特征点处的像素信息进行滤波,滤波后得到的小波系数作为该特征点对应的特征值;再将特征值存储在称为人脸图的数据结构中,这些专门选取的特征点和特征点对应的特征值就是该人脸图像的特征信息。识别时,按照统一的特征点定位准则定位待识别人脸图像中的特征点位置,然后对这些特征点上的像素值同样进行滤波,得到被测特

征值,生成人脸图。计算被测人脸图特征向量与数据库中已有人脸图特征向量的相似度,进而得到人脸图的相似度,就可以得出识别结果。

(一)基于"弹性束图"匹配的人脸识别系统

"弹性束图"匹配算法采用标号图来表示人脸图像,标号图的节点用一组描述人脸局部特征的二维 Gabor 小波变换系数来表示,标号图边采用描述相邻两个节点相对应位置的度量信息来表示。通过不同人脸图像标号图之间的匹配来实现人脸对应部位的局部特征之间的联系,从而能够对人脸图像解进行比较和分类识别,进而对图中的每个节点位置进行最佳匹配。

(二)图像的预处理

由于图像在提取过程中易受光照、表情、姿态等扰动的影响,因此在识别之前需要对图像做归一化预处理,通常以眼睛坐标为基准点,通过平移、旋转、缩放等几何仿射变换对人脸图像进行归一化。人脸双眼的位置及眼距是人脸图像归一化的依据。图像预处理过程的基本步骤如下。

1.几何规范化

定位眼睛到预定坐标,将图像缩放至固定大小。通过平移、旋转、缩放等几何仿射变换,可以对人脸图像做几何规范化处理。

2.灰度级插值

经过空间变换后的空间中,图像各像素的灰度值应该等于变换前图像对应位置的像素值,但是在实际情况中,图像经过几何变换后,某些像素会被挤压在一起或者分散开来,使得变换后图像的一些像素对应在变换前图像上的非整数值坐标位置。这就需要通过插值来求出这些像素的灰度值,通常采用的方法是最近邻插值方法、双线性插值方法和双三次插值方法。

最近邻插值方法是一种最简单的插值方法,输出的像素灰度值就是输入图像中预期最邻近像素的灰度值,这种方法的运算量非常小,但是变换后图像的灰度值有明显的不连续性,能够放大图像中的高频分量,产生明显的块状效应。

双线性插值方法输出像素的灰度值是取该像素在输入图像中 2×2 邻近区域采样点的平均值,利用周围四个相邻像素的灰度值在垂直和水平两个方向上做线性插值。这种方法和最近邻插值方法相比,计算量稍有增加,变换后图像的灰度值没有明显的不连续性,但双线性插值具有低通滤波的性质,会导致高频分量信息部分丢失,图像轮廓变得模糊不清。

双三次插值方法利用三次多项式来逼近理论上的最佳正弦插值函数,其插值邻域的大小为 4×4,计算时用到周围 16 个相邻像素的灰度值,这种方法的计算量相对前两种插值方法是最大的,但能克服前两种插值方法的缺点,计算精度较高。

3.灰度归一化

通过灰度变换将不同图像的灰度分布参数统一调整到预定的数值称为灰度归一化。灰度归一化通常是调整图像灰度分布的均值和均方差分别为 0 和 1。

4.灰度规范化

灰度规范化通过图像平滑、直方图均衡化、灰度变换等图像处理方法来提高图像质量，并将其统一到给定的水平。图像平滑处理的目的是抑制噪声，提高图像质量，可以在空间域和频域中进行。常用的方法包括邻域平均法、空域滤波法和中值滤波法等。邻域平均法是一种局部空间域处理的方法，它用像素邻域内各像素的灰度平均值代替该像素原来的灰度值，实现图像的平滑。由于图像中的噪声属于高频分量，则空域滤波法采用低通滤波的方法去除噪声，实现图像平滑。中值滤波法用像素邻域内各像素灰度的中值代替该像素原来的灰度值。

灰度直方图是图像的重要统计特征，可以认为是图像灰度概率密度函数的近似。直方图均衡化就是将图像的灰度分布转换为均匀分布。对于对比度较小的图像，其灰度直方图分布集中在某一较小的范围之内，经过均衡化处理后，图像所有灰度级出现的概率相同，此时图像包含的信息量最大。

(三) Gabor 小波变换

傅里叶变换在表示非平稳信号方面很难准确地描述信号的局部短时特性，将高斯函数引入傅里叶变换，用给傅里叶变换加窗函数的方式，强化其对短时信号或窄带信号的表示能力，因此小波变换又称为短时傅里叶变换或加窗傅里叶变换。小波变换在对信号进行处理时在时域和频域都具有极好的局部化功能，不仅可用于语音信号的处理，在基于弹性束图匹配算法的人脸识别技术中也得到了应用。视觉皮层细胞按其感受视野的特征分为简单细胞、复杂细胞和超复杂细胞。对哺乳动物视觉皮层信息处理机制的研究表明：大部分视皮层简单细胞的视觉响应可以由一组自相似的二维小波来模拟。当直接用图像像素的灰度值来进行人脸识别时，模式特征容易受到人脸表情、光照条件和各种几何变换的影响，难以取得很高的识别精度。二维小波变换能够捕捉对应于空间位置、空间频率及方向选择性的局部结构信息，适合用于表示人脸图像。

(四) 特征点定位

在人脸识别系统中，能否精确地定位特征点在很大程度上影响着识别系统的性能。针对特征点的定位方法包含蛇形模型方法、变模板方法、弹性图匹配方法等。其中，弹性图匹配方法通过基于相位预测的位移估计结合图匹配技术来定位特征点。具体过程分为两步：粗略估算和精确估算。

1.粗略估算

定位特征点时，首先需要基于相位预测的位移估计进行粗略估算。根据预处理时建立的人脸束图为定位算法提供的经验知识，利用距离统计特性来估算特征点的大概位置。

预处理时，将每幅人脸图的左眼眼角坐标固定到一个确定的像素位置，由于图像经归一化后的像素大小完全一致，因此可以根据经验值估计出其他特征点到左眼像素的距离，估算其他所有特征点的位置。

2.精确估算

粗略估算完成后，还需要再结合图匹配技术进行精确估算。可先选取粗略估算点周围某个范围内的所有像素点,对这些像素点的值都进行滤波得到特征值,再分别计算这些特征值和人脸库中模板特征值的相似度,最后计算出相似度最高的那个点,就可以认为是特征点的精确估算位置。

(五)特征提取

在完成对特征点的定位后,再进行特征提取。通过对定位好的特征点上的像素值进行 Gabor 小波滤波,将得到的小波系数存储到人脸图结构中。

使用 Gabor 小波滤波器进行特征提取需要很大的计算量,极为耗费时间。这是因为 Gabor 小波滤波器进行特征提取采用的是卷积操作,同时从 Gabor 小波滤波器中提取出的特征向量是八个方向、五种波长的高达四十维的向量,所以计算量极大。

不过,应用多通道快速滤波器可以解决滤波器函数和图像灰度进行卷积时计算量过大的问题。多通道快速滤波器可以等效为对图像特征分量按照频域分布进行展开,当代入一组特定的参数集合后,这些展开的多通道快速滤波器就转化为一个离散的 Gabor 小波滤波器。

换句话说,用 Gabor 小波滤波器提取特征,需要对图像中的每一个像素点进行卷积,这样会产生所谓的维数灾难问题,严重影响识别算法的速度。解决特征向量维数较高的问题,一般采用降维方法:首先进行采样处理,然后进行特征提取,但这样有可能会丢失一些重要的特征信息;或者选取一些包含人脸信息较为丰富的特征点,只对这些特征点做变换,舍弃对识别帮助不大的特征点,但这种方法对特征点的定位准确性有较高的要求。

四、基于神经网络的人脸识别算法

相对于传统的人脸识别技术(局部二值模式,基于 Gabor 和尺度不变特征等),深度卷积神经网络具有有效的自动提取特征能力。使用深度卷积神经网络进行人脸识别能有效地克服人脸姿势、表情、遮挡等严重变化的情况。卷积神经网络是一种深度学习的神经网络模型,具有权值共享、局部连接等特性。这使得卷积神经网络有一定的平移、缩放和旋转不变性,能够广泛应用于图像分类、人脸识别等场景。

(一)卷积神经网络构成

卷积神经网络一般是由卷积层、池化层和全连接层交叉堆叠而成的前馈神经网络,使用反向传播算法进行训练。

1.卷积层

卷积层用于学习输入数据的特征表示,组成卷积层的卷积核用于计算不同的特征图。卷积层是卷积神经网络不可或缺的组成部分。卷积层由一些大小统一的卷积核组成,每个卷积核的参数都是经过网络训练学习而来的。一般我们把卷积层中的计算称为卷积计算,卷积计算的主要作用是提取输入图像中的特征信息。卷积运算提取特征的能力十分明显,并且随着卷积层数的加深,卷积层提取到的特征信息越来越抽象,特征信息越抽象表示特征信息越有区分性,越容易用来解决实际应用中的问题。

卷积运算是生活中最常见的运算,我们可以用卷积运算来模拟生活中大部分场景。例如,当我们在线收看视频时,因为网络的原因视频卡顿了一下,这种情况如果用卷积运算来进行描述,可以表示为视频流畅播放与一个表示网络卡顿的卷积核进行卷积运算出现的结果。

卷积操作目前被广泛应用于图像处理领域,使用卷积神经网络可以对图像中的特征信息进行有效提取,从而达到对图像进行识别的效果。

卷积神经网络中卷积层一般由多个卷积核组成,每一个卷积核都会与图像进行卷积运算,之后每个卷积核会对应输出一个特征图,也就是卷积核对图像提取的特征信息。随着卷积层中卷积核数量的增多,卷积层输出的特征图也增多,但并不是卷积核越多,提取的特征信息就越多,两者之间没有必然联系。卷积核的增多也可能增加卷积层提取无关特征信息的数量,影响卷积神经网络对图像的识别。因此,卷积核数量的设置有一定的要求,不是越多越好,这与输入图像的尺寸及数据集的规模有很大的关系。

2.池化层

池化层又称为下采样层,用于降低卷积层输出的特征向量,同时改善结果,通过卷积层与池化层可以获得更多的抽象特征。经过卷积层卷积后的特征信息依然十分庞大,不仅会带来计算性能的下降,也会产生过拟合的现象。于是在降低特征维度的同时又能提取到具有代表性的特征信息,还能使得处理后的特征图谱拥有更大的感受视野,这种用部分特征代替整体特征的操作称为池化操作。池化后的图像依然具有平移不变性。池化操作会模糊特征的具体位置,图像发生平移后,依然能产生相同的特征。池化操作可以将一个局部区域的特征进一步抽象,池化中的一个元素对应输入数据中的一个区域,池化作用可以减少参数数量和降低图像维度。常用的池化操作有最大池化和平均池化。前者是对每一个小区域选最大值作为池化结果,后者是选取平均值作为池化结果。

3.全连接层

在局部感知的概念没有提出来之前,所有前馈神经网络的连接方式都是以全连接的形式进行的。全连接层可以将卷积核和池化核得到的特征信息聚集到一起。另外,全连接层还可以简化参数模型,在一定程度上减少前馈神经网络的神经元数据量和训练的参数数量。为了能使用反向传播算法来训练神经网络,全连接层要求图像有固定的输入尺寸。由于卷积层是在全连接层的基础上发展而来的,所以全连接层也可以用特殊的卷积层来表示。在全连接层中可以认为,每个神经元的感受视野是整个图像,全连接层隐藏层节点数越多,模型拟合能力越强,但是也会因为参数冗余带来过拟合的情况。为了解决过拟合对训练效果的影响,一般会在全连接层之间采用正则化技术,还可以在全连接层中随机舍去一些神经元,以此来解决训练过程中出现过拟合的情况。

由于卷积层中使用了权值共享、局部连接等操作,这些操作成功降低了卷积层的参数数量和计算量,使得全连接层的参数数量是卷积层的好几倍。在卷积神经网络中,卷积层主要是对输入的图像进行特征提取,而全连接层的主要功能是将卷积层提取到的特征信息进行整合。因此,在构建卷积神经网络时,要想提高网络的特征提取能力主要对卷积层进行设计,要想降低参数量和计算量可以对全连接层进行设计。

4.激活函数

为了使卷积神经网络能够模拟更加复杂的函数关系,通常会在卷积层或者全连接层后边加入激活函数,让卷积神经网络可以学习到更加复杂的函数关系。

另外,在卷积神经网络中加入激活函数后可以给网络添加非线性元素,使得卷积神经网络可以模拟任何非线性函数,提升卷积神经网络解决实际问题的能力。常见的激活函数有 ReLU 激活函数、Sigmoid 激活函数和 Tanh 激活函数。

ReLU 激活函数是一种非饱和激活函数,也称为修正线性单元。与其他几种常用的激活函数相比,对于网络中的线性函数,ReLU 激活函数具有更强的表达能力;对于网络中的非线性函数,ReLU 激活函数可以使得模型的收敛速度保持在一个相对平稳的状态下。因此,ReLU 激活函数是目前卷积神经网络使用最频繁的激活函数。

Sigmoid 激活函数是一根 S 形的曲线,所以 Sigmoid 激活函数也称为 S 型函数。因为 Sigmoid 激活函数在(0,1)是连续单调的,且函数的输出范围有限,因此 Sigmoid 激活函数常被用于二分类问题中。

Tanh 激活函数是一个双曲线,所以也称为双切正切函数。Tanh 激活函数的优势在于当其用在特征信息相差明显的场景中时效果很好,并且会在训练过程中扩大特征效果。

(二)基于神经网络的人脸识别步骤

1.构建深度卷积神经网络

构建的深度卷积神经网络主要包括卷积层、激活函数层、池化层、全连接层等。其中,激活函数层将简单的线性输入转换成复杂的非线性输出,以获得更好的分类效果。

2.训练过程

在训练过程中,对加载人脸的图像进行实时数据提升,利用旋转、翻转等方法从训练数据中创造新的训练数据以提升训练数据规模,提高模型的稳定性和训练效果。

3.确定卷积神经网络模型

输入数据分为静态和动态两个类别:静态输入数据为人脸图像,动态输入数据为视频流中的人脸图像。人脸检测是对输入的人脸图像进行检测,避免输入无用的信息。预处理是对输入的数据进行初步的处理,以便卷积神经网络能够提取到更多的有用信息,包括人脸对齐、人脸裁剪等操作。特征提取则利用卷积神经网络的前向传播提取图像中人脸特征,得到人脸的特征信息。

4.实现人脸识别

将训练好的最佳卷积神经网络模型应用到视频人脸检测和识别中,通过特征对比将提取到的特征信息与人脸数据管理模块中人脸信息进行匹配,获取输入图像中人脸的身份信息,最后得到正确的人脸检测与识别结果。通过判断识别正确率及时调整各步骤,以实现最佳识别效果,此时得到的卷积神经网络模型即为训练好的最佳卷积神经网络模型。

五、基于支持向量机的人脸识别算法

支持向量机(SVM)以统计学习理论为坚实基础,由于其优越性,自提出来后受到了各个领域的关注和研究。目前,针对 SVM 的研究主要集中在本身性质的理论研究、大型问题的有效算法及应用领域的推广等。其中,应用研究方面已经取得了大量的研究成果,除上述"二分类支持向量机"运用于列车动力系统及其传动装置状态识别外,还将多分类支持向量机应用于人脸检测和识别、网络入侵检测、手写体文字识别等技术领域。在人脸识别应用中,首先利用主成分分析(PCA)减少直方图的维数,再使用支持向量机进行分类,因而能够提高识别速率。

(一)多分类支持向量机

非线性支持向量机通过建立非线性变换将样本从所在输入空间映射到一个特征空间,使得原有超曲面模型对应于特征空间的超平面模型,实现在高维特征空间中样本的线性可分。

1."一对多"分类法

"一对多"分类法即第 M 个分类器的解是由第 M 类样本集合和剩下的 $M-1$ 类样本集合的全体构成两类问题而得到。这样就需要构造 M 个分类器,然后对一个测试样本进行分类识别。

2."一对一"分类法

"一对一"分类法即将每一类和其余的 $M-1$ 类中的每一类构成两类,这样 $\dfrac{M(M-1)}{2}$ 个分类面,即需要构造 $\dfrac{M(M-1)}{2}$ 个二类分类器把当前需要判断的这类与另一类划分开。然后,根据该类与余下的各类分别建立的 $M-1$ 个二类别分类器综合判断某一个输入 x 所归属的类别。

(二)建立分类与匹配

也就是说,要么采用"一对多"分类法。然后,对一个测试样本进行分类识别。要么采用"一对一"分类法,综合判断某一个输入 x 所归属的类别。

将采集到的一幅动态人脸进行数据标准化,即使输入的人脸图像的范围达到预定的误差标准,因此可以消除初始权重的比例依赖问题,并提高训练速度,减少陷入局部最优状态的可能性。同时,通过标准化输入可以更方便地进行权重衰减和贝叶斯估计。数据标准化应根据实验数据的情况来选择标准化的范围,一般默认数据标准化的范围为 $[-1,1]$。将一幅人脸图像对人脸数据库进行识别匹配,这是典型的"一对多"分类法运算。为了检测 SVM 分类器对人脸分类识别的实际应用效果,将分类模型对人脸图像进行分类测试。

六、基于隐马尔可夫模型的人脸识别算法

隐马尔可夫模型(hidden markov model,HMM)是用来描述一个含有隐性未知参数,即状态的马尔可夫过程。其难点是从已观察的数据中确定该过程的隐含参数,然后利用这些参数来做进一步的分析与挖掘。对于任意一张人脸图像而言,其像素值处于可观测状态,而其

隐含状态不能根据像素值观察而得到,因此需要一个随机过程去描述隐含的状态,即隐马尔可夫模型。近年来,基于隐马尔可夫模型的方法成为人脸识别领域较为主要的研究内容。基于隐马尔可夫模型的人脸识别方法可在一定程度上提升人脸识别准确率。

(一)隐马尔可夫模型

隐马尔可夫模型是由两个相互关联的随机过程构成的。其中一个随机过程是由内在的有限个状态的马尔可夫链来描述状态可能的变化,另一个随机过程描述观察值和所对应的状态之间的统计学关系。因为在状态转移过程中,观察者看到的只是与每一个状态相关联的随机函数的输出值,观察不到具体的马尔可夫链的状态,故称之为隐马尔可夫模型。

隐马尔可夫模型的本质是一种用参数表示,用于描述随机过程统计特性的概率模型。隐马尔可夫过程由可观测的观察序列和不可观测的状态过程构成。

(二)隐马尔可夫模型的人脸识别过程

人脸识别过程与模型训练的步骤相同。将每个采样窗内的图像矩阵进行奇异值分解,得到观察序列。基于隐马尔可夫模型的人脸识别实际上就是通过人脸图像的像素值(观察值)来估计其隐含状态的参数——基于隐马尔可夫的人脸模型。通过观察值估算其隐含参数的过程就是建立人脸模型的过程。分别计算每个观察模型生成该序列的最大似然概率,概率最大的模型就是待识别的人脸所属的类。

1.人脸采集与处理

用采样窗对被识别图像进行采样。

2.奇异值向量分解

在模式识别中,特征抽取是一项至关重要的技术。特征抽取的目的是得到特征数量较少或特征维数较低而分类错误概率较小的特征向量。由于在实际问题中最重要的特征往往不容易找到,或是无法测量,因此如何提取简单而有效的特征成为模式识别系统一个十分重要的问题。

用于图像识别的特征可以分为直观性特征、灰度统计特征、变换系数特征及代数特征。

(1)直观性特征。直观性特征的物理意义明确,如图像的边沿、轮廓、纹理、区域等,可以针对具体的问题设计相应的提取算法。

(2)灰度统计特征。灰度统计特征将图像看作二维随机过程,用统计意义上的各阶矩来描述图像特征,如7个矩不变量等。

(3)变换系数特征。变换系数特征对图像进行各种数学变换,用变换得到的系数来表示图像的特征,如傅里叶变换、哈夫变换、哈达玛变换等。

(4)代数特征。代数特征反映了图像的内在属性,并且具有不变性,将图像作为矩阵看待,可以进行各种矩阵分解或代数变换,如变换和主分量分析等。

目前较为常用的特征提取方法主要是代数特征提取,因为代数特征反映了图像各像素之间的统计规律。将灰度图像看作由各像素点上的灰度值构成的矩阵,可以对其进行各种矩阵分解或代数变换。

由于矩阵的特征向量反映了矩阵的代数属性,并且具有稳定性和不变性,因此可以作为表征图像的一种特征引入识别系统进行识别。

对矩阵进行奇异值分解是一种有效的代数特征提取方法。这种方法的优点在于,奇异值具有良好的稳定性,算法比较稳定和简单,奇异值具有代数和几何上的不变性,对光照、表情、姿态的变化具有一定的鲁棒性,因此在图像识别领域中应用广泛。奇异值分解在信号处理和模式识别领域中是一种求解最小二乘问题的有效工具。

3. 特征提取

在人脸识别特征提取过程中,最常用的是五个状态的左右型隐马尔可夫人脸模型。该模型将正面人脸图像分为头发、额头、眼睛、鼻子和嘴巴5个显著的特征区域,无论何种人脸,受到何种干扰,这5个区域均保持从上到下的次序是不变的,可以认为每个显著的特征区域中都隐含着一个人脸的状态。因此可以说,这5个隐藏的状态可以产生一个观察序列,通过该观察序列就可以估计到这5个状态。

由于奇异值向量的稳定性及转置不变性等特性,相对于直接采用灰度值或二维离散余弦变换系数,奇异值向量作为观察向量可以得到更高的识别率。因为人脸识别中的一个难点问题是,同一个人的不同照片往往是有些差别的,光照强度、角度,甚至面部表情变化都可能引起识别率的剧烈变化。灰度值作为观察向量的缺点在于,灰度值不代表稳健的图像特征,对噪声、光照、旋转十分敏感,另外大尺寸的观察向量也会增加计算的复杂度,增加系统训练和反应的时间。

4. 匹配结果

为了降低由于拍摄条件变化导致的隐马尔可夫模型参数变化,也为了消除人脸隐状态(五官)内部像素的像素值突变造成的状态转移参数变化,在建立人脸图像的隐马尔可夫模型之前,可以引入人脸图像预处理操作,即利用中值滤波器对人脸图像进行预处理之后,将预处理结果作为观察值估算隐马尔可夫模型参数。

经过中值滤波器后的人脸隐状态内部图像的像素值会趋于一致,同时人脸角度变化在人脸图像中所造成的阴影和五官变形也在一定程度被均值滤波器抵消了。因此,在隐马尔可夫模型建立之前,对人脸图像的均值滤波处理能够提升人脸模型的精度。在人脸图像预处理后,还需要获取人脸图像的观察值序列,才能够实现隐马尔可夫模型参数的估算。为了能够在降低观察值序列维数的同时获取更高的识别精度,可以采取奇异值分解的方法获取观察值序列。比如,使用宽度为 W 像素、高度为 L 像素的滑动窗自上而下遍历整个人脸图像,相邻两个滑动窗之间重叠高度为 P 像素。

对每个滑动窗区域的图像进行奇异值分解,分解后得到多个矩阵作为该滑动窗区域图像的观察值,所有滑动窗经过的图像部分的观察值为组成该幅人脸图像的观察值序列。上述计算过程完成后即可建立人脸隐马尔可夫模型,即通过数据库中的人脸图像获取该人脸的隐马尔可夫模型参数。

人脸隐马尔可夫模型的识别过程为计算其属于每个人脸隐马尔可夫模型的概率,概率最大的隐马尔可夫模型为识别结果。具体过程如下:①对滤波后图像进行滑动窗分割,并计算每个窗口的观察值;②用获取的观察值计算与每一个隐马尔可夫模型的匹配程度;③选取概率最大的隐马尔可夫模型作为识别结果。

第八章 AI 在轨道交通运维中的应用

第一节 典型应用领域

当前,云计算、大数据、深度学习等多种人工智能技术及其算法,在轨道交通方面的运用已经日益普及。

一、编制列车运行图

列车运行图的编制问题是轨道交通系统组织的核心问题之一,是轨道交通系统运行的基础。以高铁为例,高铁运营特点是运行速度、开行密度、正点率、安全性等均处于"高点"状态。同时,高铁车站技术作业简单,与传统既有线路相比,高速铁路上开行的动车组拥有双向运行能力,列车到站后不需要进行机车的摘挂、转向等作业,也不必每次都入库检修,故高铁列车停站时间较短。列车运行图上预留的施工、检修等时间称为"天窗"。我国高铁一般只在白天运营,晚上则对线路、供电设备、信号设备及动车组进行施工或检修。高铁一般在 0 点至 6 点检修,称为"矩形天窗"。

(一)列车运行图表示法

对于城市轨道交通来说,地铁的行车指挥工作交由控制中心(operating control center, OCC)负责。OCC 是地铁运营生产的调度指挥部门,指挥管理每条地铁线路的行车、电力、消防、环控等工作,并负责运营突发事件的应急处理。随着地铁路网密度的加大及逐年攀升的客流量,行车调度指挥效率显得越发重要。

广泛应用于我国地铁信号系统的列车运行图就是利用坐标原理对列车运行的时间与空间关系进行图解的实例。它规定了各次列车占用区间的顺序、列车在一个车站到达和出发的时刻,列车区间运行时分、站停时分、折返作业时间等,是行车组织工作的基础。

总之,在编制列车运行图时,需要综合考虑地铁线路的列车运行参数、线路参数、信号系统行车能力、客流分布情况等因素。其中,前三个因素属于固定因素,一旦地铁线路建成,一般不会有变动;最后一个客流分布因素则会随着运营而出现变化,属于变动因素。客流分布的变化既可以是空间分布的变动,也可以是时间分布的变动。一条线路开通后,会随着网络化线路的完善或者线路周边的发展变化,出现客流的调整。比如,从单一线路的运营发展到网络化运营时,路网换乘站的客流将会明显增加。再比如,线路上的某个车站开通初期由于与周边商业中心等建筑物有结建关系,只能开放部分出入口。当远期车站出入口全部开放后,这些商业中心的带动,也会增加车站的客流。根据多年的运营经验,乘客集中出行的时间在一周内呈现工作日与周末不同的分布特点,在一天内也会有早高峰、晚高峰、平峰的分布特点。在制订运行图时,在固定因素一定的情况下,需要充分考虑客流需求,力争使运行图提供的运能与实际需求相匹配,最大化地铁的社会效益。

列车运行图是在坐标轴内对列车运行过程的一种图解表示,它规定了列车占用区间的顺序,以及列车在各个车站的出发、到达或者通过时刻。具体的图解形式有两种:一种用横坐标代表距离,纵坐标代表时间,欧洲国家主要使用这种形式;另一种用横坐标代表时间,纵坐标代表距离,我国采用的是这种表示方法。

在我国列车运行图中,规定不同种类的列车使用不同符号和颜色表示,其中旅客列车用红单线表示。根据具体使用情况的不同,列车运行图的时间划分格式也不相同,主要有三种格式:

(1)二分格运行图。相邻(细)竖线间隔为 2 min,其中小时格的竖线(如 1、2、3、…)较粗,主要用于新运行图的编制。

(2)十分格运行图。相邻竖线间隔为 10 min,其中半小时格为虚线,小时格为较粗竖线,主要用于日常调度工作中调度调整计划的编制及实际运行图的绘制。

(3)小时格运行图。相邻竖线间隔为 1 h,主要用于机车周转图和旅客列车方案的编制。

(二)列车运行基本要素

列车运行图的基本要素包括列车区间运行时分、列车在中间站的停站时间、折返站停留时间、起停车附加时分、车站间隔时间、追踪列车间隔时间、维修天窗开设时间。

1.列车区间运行时分

列车区间运行时分是指列车在两相邻车站(线路所)之间的运行时间标准。一般由机务部门采用牵引计算和实际试验相结合的方法进行测定,按车站中心线或线路所通过信号机之间的距离计算。列车区间运行时分应按照列车上下行方向分别测定,同时还应区分列车在每一区间两个车站上不停车通过和停车通过两种情况。列车不停车通过两个相邻车站所需的区间运行时分称为纯运行时分。

2.列车在中间站的停站时间

列车在中间站的停站时间是指列车在中间站上办理必要作业所停留的最小时间,主要包括在中间站办理相关技术作业时间、办理客运作业时间、列车待避等待时间等。

3.折返站停留时间

折返站停留时间是指列车在折返站办理必要作业所需要的最小时间。折返站停留时间标准需要机务部门根据折返站作业内容和流程,采用作业过程分析和实际查标相结合的方法确定。

4.起停车附加时分

起停车附加时分是指由于列车启动或者停车而使区间运行时分比纯区间运行时分延长的时分。编制列车运行图时,一般列车的起停附加时分都是给定的常量,其值根据实际情况牵引计算确定。

5.车站间隔时间

车站间隔时间是指在车站上相邻两列车的到达、出发或通过作业所需要的最小间隔时间。在确定车站间隔时间时,应遵守有关规章的规定及车站技术作业时间标准,以保证行车安全和最有效地利用区间通过能力。

6.追踪列车间隔时间

追踪列车间隔时间是指追踪运行的两列车之间的最小间隔时间。追踪列车间隔时间的确定取决于列车的启动制动性能、列车控制系统的技术、车站信联闭设备、线路的坡度等因素。

7.维修天窗开设时间

维修天窗开设时间是指用于检修维护车辆、机车及线路等铁路技术设备所用的时间。高速铁路的天窗时间一般安排在 0 点至 6 点,白天一般不设置固定维修天窗。

(三)列车运行图编制基市要求

(1)确保行车安全。列车运行图的编制必须符合铁路相关规定,严格执行各项技术作业程序,严格遵守各种作业时间标准。

(2)适应市场需求。高效便捷运输旅客:客运部门研究提出运行图运行期间的客流密度预测、列车开行方案、动车组交路计划、停站完成旅客乘降或其他技术作业的时间标准。

(3)充分利用铁路通过能力。合理运用动车组:列车运行线的铺画应尽量减少不必要的停车时间,努力提升列车的运行速度;要经济合理地运用动车组,使之发挥出最大的效益。

(4)确保列车运行图的调整弹性。编制列车运行图时,合理控制区间通过能力利用率,保证列车运行图具有调整弹性,满足列车运行秩序发生变化时的调整需求。

(5)保证列车分布与客流需求相适应。列车运行线的数量及分布需以旅客需求为基础,最大化地满足旅客需求,同时,列车运行图的编制还需具有一定的预见性,对市场需求的发展变化进行预测,以便提高运输效率。

(6)实现车站与区间列车均衡运行。列车运行图的编制要考虑列车运行的均衡性,尽量做到各时间段内车站列车均衡运行,以充分利用车站到发线及区间通过能力,提高铁路运输能力。

(7)合理安排工作人员作息时间。合理安排列车工作人员的作息时间,保证工作人员的良好精神状态,是保障列车安全运行的重要环节。

(四)列车运行数学模型

在列车运行数学模型中,首先必须对模型进行假设,再明确约束条件,最后确定目标函数。以高铁运行为例展开介绍。

1.模型假设

(1)适用于单条复线高速铁路,线路上开行不同等级的列车。

(2)假设高速铁路上行方向和下行方向的列车相互完全独立,彼此之间不会影响,建模时只需考虑单个方向。

(3)假设单个方向线路上的所有车站均可以同时接发列车。

(4)只考虑列车在单个方向线路上经过的路径。

(5)同向列车在区间运行时,假设同等级列车不发生越行,高等级列车可以越行低等级列车,低等级列车在一个车站最多被越行两次。

(6)高铁列车开行方案的数据(包括开行区间、列车等级、列车数量、停站方案等)都是确定且已知的,车站的到发线数量也是已知的。

(7)列车运行的各类安全间隔时间标准、在车站的时间起停附加时分、停站时间、区间纯运行时分等都是已知的,且同等级标准一致。

(8)忽略列车运行图铺画时考虑的一些因素,例如动车组运用车底数、客流变化、换乘需求等。

2.约束条件

(1)列车通过区间顺序约束。必须按照规定的区间先后顺序运行。

(2)列车发车间隔约束。列车运行时,某一闭塞区间在同一时间最多允许一辆列车进入,即列车同向运行时,后行列车需要在前行列车出发运行一段时间之后才能出发,即前后列车应该满足一定的发车间隔。

(3)列车到达间隔约束。同向列车运行时,前行列车与后行列车应该满足一定的到达间隔。

(4)列车区间运行时分约束。规定列车在区间的实际运行时间需要大于或等于标准的列车区间运行时分。列车区间运行时分包括纯运行时分和起停车附加时分。

(5)车站停站时间约束。规定列车在车站停留时间,一方面应不小于满足旅客乘停作业及相应技术作业所需的最小停车时间下限;另一方面为了不影响后续列车及提高运行图效率,不能超过停车时间的上限。

(6)天窗时间约束。由于高速铁路采用夜间维修的矩形天窗,在天窗范围内不允许行车。

(7)发车时间范围约束。列车的发车时间要受到有效时间带的制约,不同开行方案的列车,其合理的发车范围也会有区别,尤其对于跨线列车,需要考虑其合理开行时间范围。

(8)车站到发线约束。在列车运行过程中,列车占用的到发线数量均不得超过该站用于接发该类列车的到发线数量。

(9)越行约束。在后行高等级列车的速度大于前行低等级列车时,高等级列车需要越行低等级列车。

3.目标函数

铁路出行需求从提高运行图运输能力的角度,以极小化列车运行线占用运行图时间为优化目标。列车运行线占用运行图时间是指列车在各车站占用时间之和的最大值。

(五)模型求解基本算法

算法可以归纳为两大类:确定性最优化方法、启发式方法。确定性最优化方法是指以传统的数学规划方法为基础,运用运筹学理论来建立数学模型,对模型进行精确求解从而获得最优解的方法。此类算法通常都是基于枚举思想,通过全局搜索来获得最优解,对于规模较小的调度问题能够取得比较满意的结果,但是对于较大规模的复杂调度问题,全局搜索的计算量会非常大,很难求得满意的结果,比较常用的有分支定界法和动态规划法等。

启发式方法是以启发推理为基础,通过局部搜索或邻域搜索的方式来获得最优解。常用的方法有遗传算法、禁忌搜索算法、模拟退火算法、神经网络算法等。

1.遗传算法的特点

遗传算法是一种根据自然界遗传选择和自然淘汰的生物进化过程而发展起来的高度并行、随机、自适应搜索算法。遗传算法的基本思想是"适者生存",将问题的解表示成"染色体",通过对染色体群进行一系列的遗传操作,使之一代代不断进化,最终得到"最适应环境"的个体,即为问题的最优解。由于其思想简单、易于实现以及表现出来的鲁棒性,遗传算法作为重要的智能计算技术,在科学研究、生产制造等众多领域被广泛应用。

遗传算法作为一种通用的搜索算法,具有一般搜索算法的基本特征:首先产生初始候选解;根据约束条件来计算候选解的适应度值;根据适应度值选择留下某些候选解,舍弃其他候选解;通过对留下的候选解进行操作,产生新的候选解。

遗传算法将一般搜索算法的基本特征以特殊的方式组合在一起,使之与普通搜索算法区别开来,形成了其独有的特点:

(1)遗传算法对问题参数的编码进行操作。传统的优化算法一般对问题参数的实际值进行计算,而遗传算法是对问题参数的某种形式的编码进行运算处理,算法本身具有高度的灵活性,能在广泛的问题求解中发挥作用。

(2)遗传算法从问题解集开始搜索,而不是从单一解开始。其具有并行搜索特性和自适应性。传统算法一般是从单个初始解开始进行搜索,但是容易进入局部极值点且效率不高。遗传算法则是从多个个体组成的初始解群开始进行搜索,搜索范围广,可以有效避免进入局部极值点,能够更好地进行全局择优。

(3)遗传算法直接以适应度作为搜索信息,不需要其他辅助信息。传统搜索算法为了确定搜索方向,除需要目标函数值外,还需要一些辅助信息(如目标函数导数值等)。遗传算法主要根据适应度来确定搜索方向,而个体适应度的计算可以不依靠目标函数的精准估值,具有广泛的应用范围。

(4)遗传算法使用概率搜索技术。很多传统搜索算法往往使用确定性的搜索方法,即通过确定的转移关系与方式来转移搜索点,其局限性在于容易陷入局部极值点。遗传算法使用概率搜索机制,具有不确定性,即以一定的概率性来进行选择、交叉、变异等操作,从而扩大搜索范围,具有全局最优性。

2.遗传算法的基本原理及流程

遗传算法解决优化问题时,首先将可行解按照一定规则进行编码形成染色体,然后产生多个初始染色体组成一个初始种群,在此基础上遵循"适者生存,优胜劣汰"的原则进行后续操作。

遗传算法根据个体的适应度值对种群进行筛选,适应度值高的个体被选中的概率更高。同时,通过选择、交叉、变异等操作形成下一代种群。不断循环迭代,直到满足终止准则时,得到最优解。遗传算法的一系列操作更好地保持了种群多样性,求解过程不易陷入局部极值点,具有较强的全局搜索能力,优秀个体可以得到保留并不断进化。

二、节能视角下的列车运行图编制

随着我国高速铁路建设进程的快速推进,路网规模不断扩大,而我国能源相对稀缺,节能减排日益受到重视,铁路快速发展在带动经济增长的同时也引起了诸多能耗问题。人工智能系统可以通过地铁的票务清分系统获取一定周期内线网全部客流的空间与时间分布。然后根据线网的网络结构、实际的列车供给、实际的客流情况进行运能的供需比较,分析出客流集中出现的时间段(可以分为尖峰、高峰、平峰)、车站及滞留时间,进一步得出运能的匹配度。运行图编制人员根据系统得出的结论可以有针对性地根据客流分布对运行图进行优化,调整列车在某些站的站停时间,对于客流尖峰时段可以最大化行车密度,高峰时段适当增加行车密度,平峰时段减少列车密度。如此一来,不但可以满足实际的运能需求,也可以减少平峰的运能浪费,实现运营的经济效益最大化。

(一)列车节能运行图调整基础理论和方法

1.列车运行曲线与能耗关系

在基于最新的无线通信技术情况下,列车车载自动操作(ATO)系统的主要目的是控制列车使其按照时刻表从一个站运行到另一个站。这需要 ATO 和列车自动调节(ATR)的协作。为了有效节省能源,又能按照时刻表运行,ATO 必须在某站出发时计算该站到下一站间所要求的速度。

为了准确计算这一轨迹,应考虑以下列车基本数据:线路信息,轨道纵断面(包括坡度)、弯道,下一站停车需要的详细信息(轨道电路号、运行时间等),车辆的质量信息。

在 ATO 系统中,巡航/惰行是为列车节能运行所设计的一种经济运行模式,即在已知列车运行轨迹的条件下,根据车辆参数、计划到达下一个停车点的线路等信息实施自动运行的节能模式。

2.列车运行曲线的能耗特征

铁路自动控制系统要求能够以多种方式节约电能成本,包括车辆的动力消耗、启动时的动力需求和制动时的动力损失。在实际中,列车所应用的节能方法除在运行图编制过程中调整列车时刻表外,还包括在列车运行过程中调整运行等级曲线以达到节能的目的。运行等级曲线旨在通过减少列车牵引系统的请求,降低牵引的能源消耗。

列车在区间内允许达到的最大速度与列车类型、轨道建设条件及区间长度有关。一般每个区间的最大速度会由工程人员在运行图编制前给出。列车在区间运行过程中是否能达到最大速度则与区间长度和区间旅行时间有关。

运用列车运行等级曲线能够降低单一列车的动力消耗,所采用的技术如下:

(1)减少加速时间以降低高峰时速。列车降低了其加速度的总时间,从而减少了牵引请求,也就减少了列车的能源需求。

(2)降低加速度来降低线路运行时速。列车采用了较小的加速度,减少了牵引所需的动力,最终也就减少了列车的能源需求。

(3)惰行。列车出站先加速,然后惰行,再减速,最后停在下一车站。列车达到最大线路速度后惰行,这样会使运行时间将按特定比例有所增加。与正常规定速度相比,列车减少了加速请求和牵引所需动力,从而减少了能耗。

3.追踪条件下的节能操作

在实际情况中,列车大多数是追踪运行,其运行控制要受到前方信号或列车的影响。列车追踪运行时,前方信号显示是指示列车运行的命令,前后列车位于不同的线路平纵断面上,它们的时空间隔处在动态变化之中,前行列车位置的改变会带来信号显示的变化,并进一步影响到追踪列车的运行与操纵。

在固定闭塞系统中,列车的分区间隔较长,且一个分区只能被一列车占用,不利于缩短列车的运行间隔,从而降低能耗。而移动闭塞系统灵活的列车运行间隔特性使其在高峰时段的节能效果显著。通常在高峰时段运行时,发车密度大,乘客流动性快,前方列车的延误会造成后续列车频繁制动的可能性。这种制动的频率和持续时间在移动闭塞系统中由于更短和均匀的最小列车间隔而大大降低,均匀的最小列车间隔使后面列车可以更加靠近前车,提高了运营的效率。

（二）再生能源利用方法

还有更高层次的列车运行图,即能量优化分布列车运行时刻表,其已经开始进入实用阶段。

所谓能量优化分布列车运行时刻表,就是利用列车惰行和刹车降速所产生的再生电能反馈至电网时,能够实时使再生电能被其他在线列车吸收利用,因此起到整个列车运行网的高效节能效果。能量优化分布列车运行时刻表包含如下内容:

(1)再生能量优化运行时刻表。在综合考虑地铁线路的列车运行参数、线路参数、信号系统行车能力因素而制订的列车运行图基础之上考虑再生能量优化利用的稳态运行时刻表。

(2)时刻表随机智能调节。根据随机扰动(客流分布变动,运行时刻临时变更,局部设备故障等)而调整动态运行时刻表的智能调节技术。当然,这需要对列车供电系统进行技术改造,即在机车电力传动系统中必须具备双向逆变器以确保电网供电与再生逆变反馈的无触点切换功能,实时将列车惰行和刹车降速所产生的再生电能反馈至电网。

采用了列车再生能源回收技术后,即可获得再生电能的回收和再利用,使得整个列车运行系统的能量消耗得到了极好的智能调节,可以收到良好的系统节能效果。

三、电话闭塞法

当前轨道交通系统,尤其是城市的地铁运行都采用列车自动控制(automatic train control,ATC)系统组织行车,ATC实现了列车的自动监视、保护和运行。当ATC系统发生故障时,在故障区段常采用电话闭塞法来组织行车。电话闭塞法是地铁工作人员依照电话闭塞法行车原则,采用打电话和传递路票的方式组织行车。此时列车位置信息完全依靠肉眼(包括视频监视)观测,信息传播依靠电话通信和路票传递,这使得信息获取的准确性及信息传播的实时性都较为低下,再结合可能发生的人工误判,直接影响到行车的安全和效率。因此,基于计算机网络和传感设备,遵循电话闭塞法原则的信息化行车辅助系统便应运而生。电话闭塞法是地铁相邻两站通过电话联系形式确认闭塞区间空闲,并以发出电话记录号码的方式办理闭塞的一种人工行车组织方法。

(一)电话闭塞法的基本原理

电话闭塞法是一种固定闭塞,其闭塞区间划分可以是"一站一区间""两站两区间"或"多站多区间"。相比来说,"一站一区间"划分的区间通过能力高,但容错能力较低,而"两站两区间"划分则是较多地铁公司采用的形式。电话闭塞法的闭塞办理流程是,后方站与前方站电话通信,确认后方站的前方"两站两区间"空闲后,前方站授予后方站发车许可,后方站人员填写路票,并将路票交给司机,司机持路票,根据发车手手势指挥驶入闭塞区间行驶到下一站。系统通过传感设备获取列车位置信息,并在站场图上标示各列车的位置,从而省去了电话确认区间空闲这一流程。此外,车站人员通过本系统控制车站的发车表示器,以发车表示器信号作为区间占用凭证,省去了路票的填写和传递。

(二)系统关键部件

对于电话闭塞法来说,计轴传感器、光电传感器和发车表示器是电话闭塞法中不可或缺的部件。

1.计轴传感器

计轴传感器是铁路行业常用的列车位置感应设备,一般为电磁式,传感器在列车车轴经过时触发。计轴传感器的优点是可在较为恶劣的环境中使用,如可适应状态差的道床、生锈的钢轨和潮湿环境。计轴采用两端检测方式,即在区间的两端安装计轴,从而检测区间的占用情况。计轴传感器与上位机通过串口进行通信,并采用特定的编码报文协议。

2.光电传感器

光电传感器按工作形式可分为对射型和反射型。对射型是指光由发射器射入接收器的工作形式,当有物体挡住光路时,传感器触发。反射型是指光从发射器射出,经物体反射后被接收器接收的工作形式。在站台轨行区及站间轨行区中,一般采用漫反射型光电传感器采集列车位置信息。传感器安装在隧道壁上,当有列车经过传感器时造成光反射从而触发传感器。对于一个车站而言,在某个行车方向上的站台区和离站台 400 m 左右的站间区,各安装一个光电传感器,一个站有上行和下行两个行车方向,那么共安装 4 个光电传感器。当列车即将进站时,会触发站间区传感器;当列车到停车位时,则触发站台区传感器。传感器触发有一个防抖动处理,即如果传感器在一段时间内,例如 4 s,有 80%的时间处于触发状态,那么认为该传感器是被列车触发的。

光电传感器信号处理机与 PC 机通信协议中可以采用三个字节作为一个通信帧,前两个字节为数据区,第三个字节为校验值。由于每个传感器的触发状态在数据帧中所对应的二进制位都不一样,所以各传感器同时触发时不会产生冲突。

3.发车表示器

发车表示器是区间闭塞的直接控制者,控制列车的停驶。发车表示器一般可以采用LED显示屏,通过在LED显示屏上绘制各种图形来表示发车信号。LED显示屏上有2个圆形绘图区,分别为左、右绘图区。每个绘图区可显示3种颜色,分别是红、黄、绿。发车表示器一个字节的数据帧后4位是前4位的重复,以此作为一种校验,以增加可靠冗余度。

(三)系统指令生成

按照现有的作业流程,在电话闭塞调度命令下发环节,行车调度员会通过调度专用电话向实行电话闭塞区域的所有车站值班员下发相应的调令,值班员在听取后需要进行相应的记录,由行车调度员选取一名值班员进行复诵,双方核对无误后,调度命令下发成功。根据实际经验,在处理突发事件时,无论是行车调度员,还是车站值班员,都会处于异常繁忙的状态,并行业务数量激增。此时,值班员通过手动记录调度命令,尤其是内容比较多的调令往往会出现效率不高的情况。从对应关系看,调度员与值班员是一对多的关系,复诵的时候只是选取某一站,接收端调度命令的一致性有潜在的安全隐患。调度命令下发成功必须是在所有车站正常接收调令的前提下才可以成立,无论是其中哪一站出现问题,都会影响最终的行车安全。

人工智能已经可以提供实时的语音识别功能。智能终端可以在行车调度员向值班员口述调度命令时,采集调度员的声频信号,通过语音识别技术将调度命令的音频直接转变为相应的文本文字,并通过智能终端的显示器同时显示给行车调度员与所有接收调令的车站,并记录保存在数据库内。车站值班员在听取调令后,无须手写记录,根据智能终端的显示直接向调度员复诵核对调令的正确性;调度员也可以在值班员复诵的同时,查看智能终端显示的调令内容,从语音与文字两个方面核对值班员复诵的调令。此举可以保证所有车站接收到的调令一致性,避免了错误接收调令与调令不一致的非安全因素;同时也免去了值班员手动抄写的时间,减小其他并行业务的干扰,大大提升值班员接收调令的效率,缩短实际下发调令的时间,保证行车安全。数据库内的原始语音与文字数据也可以为日后行车分析工作提供支持。同理,行车调度员也可以利用语音识别功能向列车司机下发调度命令。

(四)列车运行图的实时生成

当然,启动电话闭塞法之前,行车调度员需通过无线语音调度台和调度专用电话分别向列车司机、车站同时发布启用电话闭塞法行车的调度命令。在按照电话闭塞法组织行车的过程中,车站值班员在接到相邻发车站列车发出的报点后,确认发车进路准备妥当,即向相邻接车站请求闭塞。接车站值班员在检查满足"一站一区间"空闲(接车站站台、发车站与接车站的区间为空闲),即确认本站站台空闲、接车进路准备妥当、前次列车的路票已注销三个条件均具备后,方可同意发车站的闭塞请求。

列车由本站发出后,发车站值班员立即向接车站值班员报告发车时刻,向行车调度员汇报列车到、发时刻。行车调度员按照值班员汇报的列车到、发时刻,将有关信息数据录入系统软件,整个过程均可在智能辅助技术的支撑下实现调整后的实时列车运行图。在实行电话闭塞法组织行车时,列车自动监控系统无法自动生成实际的列车运行图,行车调度员无法实时监控在线列车的运行情况。鉴于此,车站值班员需要向行车调度员汇报列车的到、发时刻,调度员以此为依据手工铺画列车运行图,实现对在线列车运行安全的实时监控。在行车密度不断加大的前提下,这种铺画方式有以下弊端:在列车运行间隔很小、密度很大的情况下,值班员汇报列车到、发时刻的频率会很高,此时调度专用电话通常会处于一直占用状态,影响其他业务的汇报;当遇到电话闭塞区域有两列及以上电客车同时出站时,会出现两站及以上的值班员同时汇报到、发时刻的情况,行车调度员只能按照电话接入的先后顺序令所有车站排队报点,依次铺画运行图,此时若发生车站错误办理闭塞且处于排队状态,则行车调度员无法及时对列车的运行进行监督,延误发现车站错误办理闭塞的时机,极易发生行车事故;需要一名行车调度员自始至终铺画列车运行图,很难进行其他行车业务的办理,大大降低了行车指挥的效率。

随着计算机软件算法的不断发展,人工智能已经可以根据人工输入的数据辅助人们完成图、表等平面数据的制作。电话闭塞启动之后,车站值班员在车站的智能终端输入本站站名,已发列车的车次号以及到、发时刻,智能系统将输入数据根据画图程序转化为横坐标为时间、纵坐标为车站的列车运行图,并在行车调度员的显示终端进行显示。此智能终端不依赖信号系统的接口,只需要人工输入车站站名及列车的到、发时刻,自动实时生成实际的列车运行图。此类智能系统允许所有车站同时输入列车运行图所需的数据,无须排队等待,系统根据输入数据可以在运行图上显示所有列次列车的实际运行轨迹;行车调度员可以查看所有列车的实际运行轨迹,消除了时间上的延迟,有助于第一时间发现潜在的行车隐患,极大地提升了行车安全。车站值班员无须通过调度专用电话向行车调度员汇报列车的到、发时刻,大大降低了调度专用电话的占用率;行车调度员可以同时进行其他行车业务, 提高了指挥效率。

(五)提升电话闭塞法作业安全

电话闭塞法行车作为一种应急的降级运行方式,在实际应用中存在着很大的人为安全隐患。国内外都曾发生过在采取电话闭塞法后发生严重行车事故的悲惨案例。在传统电话闭塞法流程中引入人工智能,可以消除人为因素造成的安全隐患:辅助行车调度员准确、快速地下发调令,确保车站接收调令的一致性,防止错误接收调令引起的行车事故;减少人工铺画的延迟,及时对列车进行监控,防止车站错误办理闭塞而引发的行车事故。

第二节　音视频全面智能化识别技术的普及

人工智能的迅速发展及其与各行各业结合的融洽表现让人们意识到,不管是现在还是未来,人工智能都将是改变社会生活甚至改变世界的深刻动力。而人工智能对社会的改变,不只会与经济结合带来经济效益,还将推动和谐社会建设与社会公共安全领域紧密结合,在无形之中为每个人提供一张安全可靠的智能防护网。

一、AI 安防大系统基本模型

在云计算、大数据、人工智能等技术快速发展的大背景下,推进信息化、智能化建设已经成为现代警务模式改革的必经之路。由于轨道交通是社会人流的重要"通道",必然会存在诸多不确定因素。随着国家对外开放的力度不断加大,境外进出人员更是隐含各种复杂因素,因此国家更需要在轨道交通的方方面面加强安保技术和措施。

国家对于人工智能在安防领域的具体部署中也明确强调,要围绕社会综合治理、新型犯罪侦查、反恐等迫切需求,研发集成多种探测传感技术、视频图像信息分析识别技术、生物特征识别技术的智能安防与警用产品,建立智能化监测平台。安防工作有别于单纯的"单信号"(图像、视频、语音声音、动作行为等)的处理、分析、识别与决策,安防工作对信息的处理是一个综合化过程,最终需要通过智能算法提炼出目标数据。其信息的关注视角与分析处理方法是通过结构化技术予以实现的。

(一)信息结构化技术

以图像与视频信息为例,视频结构化技术针对的是海量的数据信息而衍生出来的信息技术。由于视频的非结构化特征,原始的信息不足以形成数据链,如果不能解决这样的问题,智能系统是解决不了问题的,不管是视频还是图像,都需要进行及时的抽取和识别,也就是需要结构化处理,将视频信息转换为结构信息,并有效地应用于计算机体系当中。这就涉及第二个问题——结构化描述问题。

传统的方式一般是将非结构化的内容转换为结构化的语言,但是这不能满足智能分析系统的要求,于是结构化技术引入了深度学习,根据语义关系进行智能化的发掘和联动,从而能够形成自动检索、自动提取等具有智能化特征的内容。智能化的视频技术挖掘决定了非结构数据的智能化分析深度。

(二)深度学习技术

深度学习(deep learning)的概念源于人工神经网络的研究,是计算机模拟人学习机制的一种算法。深度学习的结构相比较于浅层学习更加复杂,其中包含一个多隐层的多层感知器。深度学习不同于以往的浅层学习,深度学习采用了人工智能,引入了神经分析学,利用分层结构,深入地进入智能学习,整个深度学习系统突破传统结构,引入了包括输入、输出等多层组合的网络,不仅打通节点层之间的联系,还能够推动不同节点之间的链接。更为重要的是,找到模仿人脑的关键,并将学习变为主动的学习和主动的延伸,更加贴近人工大脑的作用。

(三)大数据技术

大数据技术是指对大量结构化、半结构化和非结构化的数据进行分析处理的技术,从中获得新的价值,需要用到大量的存储设备和计算资源。大数据技术框架具有分布式、集群化、统一存储、统一访问、动态扩容的特点。

（四）视频云存储

视频云存储技术是通用云存储系统的一种演化形态，又不同于通用云存储，它采用面向业务应用系统按需分配的设计思路，融合了计算资源集群应用、负载均衡调度、计算/内存/网络资源虚拟化、云服务化、分布式存储等技术，可将数据中心不同类型的存储资源设备通过分布式存储软件进行集群，对外提供统一外部存储，实现高性能、高可靠、高容量、高可用的业务访问服务。

智能安防是当前建设新型智慧城市、平安城市的大趋势。未来，人工智能不仅是维护社会稳定的关键利器，更会上升到国防应用的新高度。将智能识别、大数据、云存储、云计算等先进技术广泛地覆盖社会和政府等各类场所，建设互联互通的耦合式系统架构，并充分挖掘利用"人、车、物、案"四要素的数据价值，建立事前、事中、事后一体化的业务操作流程，是公安机关实现治安防控转型和升级的核心。此类安防思维创新更加适合于轨道交通中每一个通行环节。

二、声纹识别在交通系统中的作用

声纹与指纹、掌纹、DNA、视网膜、虹膜、血管纹路等一样，是每个人固有的生物特征，具有唯一性和稳定性。近年来，从声音中提取每个人特有的声纹信息来进行身份鉴别的声纹识别技术引起了众多国内外学者的关注与研究。声纹识别同样要涉及声纹信号预处理、声纹特征提取和声纹模式匹配等技术流程。

（一）声纹信号预处理

语音信号的质量在一定程度上影响到声纹识别系统的准确率。在现实环境中，硬件设备、传送媒介、环境噪声以及其他讲话人都会影响到语音信号的质量。此外，移动变化的声源信号也会对采集工作产生负面影响。在传送语音信号前，需要对语音信号进行去噪处理，从而提取纯净的语音样本信号，因此在预处理阶段，降噪技术的运用至关重要。对原始语音信号进行预处理是声纹识别系统中的起始步骤，是至关重要的一个流程，直接影响到声纹识别系统的准确率。

语音信号属于一维信号，会随着时间变化而变化，作为一种非平稳的时变信号，包含了丰富的内容信息。预处理通常是对原始语音信号执行去噪、分帧加窗、端点检测等操作。研究人员往往使用"短时平稳技术"，这是由于一维的语音信号原本就属于非平稳时变信号，如果用处理平稳信号的方法来处理非平稳信号显然是行不通的。研究人员对语音信号的形成过程进行研究发现，人类声音的形成与口腔肌肉的运动密切相关，但是口腔肌肉的运动速度是比较缓慢的，远小于声音振动的速度。于是在极短的时间范围内，语音信号可以当作是拥有短时平稳的性质。在这个预处理过程中，主要运用的方法有麦克风阵列去噪、预加重、分帧加窗、端点检测等处理技术，而且实用性非常强。

1.麦克风阵列去噪

在复杂多变的实际背景下，通过传统的单个麦克风采集到的语音信号往往是由环境噪声与多声源组合而成的混合语音信号。在20世纪90年代以后,为了削弱现实环境中噪声对语音信号的影响,科研人员开发了基于麦克风阵列的语音信号采集技术。麦克风阵列是指一组按不同位置、一定空间间距摆放的麦克风。它的原理是通过声源信号传播到每个麦克风之间的相对时延来定位声源的方向。

判断这种声源的方向涉及波束形成技术(beamforming,BF),波束形成是指对每个麦克风在输出相位与时间上进行延后补偿,并对幅度做加权处理,最终产生指向声源方向的波束。麦克风阵列技术对声源具有较强的选择性,可以相对精准地判断语音信号的传播方向及来源方向。麦克风阵列对于信号方向外的干扰与噪声可以有效地避免,由于其抗噪效果明显,现在被广泛运用在耳机、音箱制造业,语音通信技术及各类电子产品中。

2.预加重

根据人类发声器官的结构与声音信号的产生原理,说话过程受到口鼻辐射及声门激励的影响,语音中的高频信号会被削弱。综上所述,我们对声音信号进行特征参数提取前,需要对原始声音信号高频区域实施预加重处理。其工作原理是将原始声音信号输入一个一阶高通滤波器,这样语音信号中高频区域的信号幅度会有所升高,低频区域幅度有所降低。对原始语音信号实施预加重处理的作用主要是提升了高频区域的分辨率,有利于后续的特征提取与分析。

3.分帧加窗

语音信号作为一种典型的非平稳时变信号,通常情况下一个音节在10~30 ms内保持不变。在这个瞬时范围内,发声器官的运动方式相对恒定不变,语音信号的各种特征参数基本维持稳定,因此采用短时平稳技术来分析声音信号。在连续的语音信号中截取长度为10~30 ms的信号作为一个帧,为了防止相邻两帧之间变化差异过大,一般分帧时会做交叉重叠处理,重叠区域的面积通常为整个帧面积的1/3~1/2。为了防止帧与帧之间遗漏信息,需要对分帧后的音频信号进行加窗处理。使用合理的窗函数,可以对短时语音帧特征参数进行分析,能够更好地体现音频信号的特征变化。矩形窗和汉明窗是经常使用的窗函数,但使用矩形窗的缺点是其频谱容易遗漏,而汉明窗由于其主辨宽度较宽、低通性能更优越,能更好地保留语音信号的特征参数,因此选择汉明窗更合理。

4.端点检测

时域的声音信号除包括纯粹干净的语音信号外,还包括静音与噪声部分,采集语音信号时并不全是有效信息。为了除去静音部分,通常对语音信号实行端点检测的方式来识别语音信号的起始点。这样不仅能够提取出有效的语音信号,删除静音部分,还能在一定程度内减弱噪声,降低数据运算量。当前,端点检测已经取得了一定的研究成果,通常用的研究方法有过零率法、短时能量法、基于过零率与短时能量的双阈值法。

过零率法是一种较为简单的方法,一般用电平信号正负交替显示。它的判断依据是:过零率较小为浊音,过零率较大为清音。短时能量法依据能量函数来区分清音与浊音;帧能量较大的为浊音,帧能量较小的为清音。然而,在实际应用中,仅仅依靠过零率或短时能量确定声音信号的起始位置并不是很准确,往往会综合考虑这两种特性来确定语音信号起始点的位置。

(二)声纹特征提取

特征提取的目的是用较少的信息来描述语音信号,也就是说,对原始语音信号提取出能够描述其主要特征的鲁棒性参数。对于提取出来的特征参数,要求可靠、稳定并且容易提取。经过对声纹识别技术多年的研究与发展,已经找到了一些可靠的特征参数来描述语音信号。声纹识别模型几乎都是用声学层面的特征参数来作为识别标准的,但判断说话人身份的个性因素是多方面的,包含人体发声器官结构有关的声学特征,例如音色、振幅、频率、共振峰、反射系数、频谱与倒频谱等;个人说话习惯,如语速快慢、音量大小、语调高低等;个人受教育程度,例如受老师或父母影响的韵律、修饰、语义、用词等。

1.选取特征参数的标准

一般来说,我们通过语音采集装置采集到的最原始的语音信号不能直接作为声纹识别模型的输入。有三个方面的主要原因:一是最原始的语音信号没有经过任何处理,包含许多不明确、不稳定的因素,这些未知的因素可能会对声纹识别系统模型的训练及准确率造成极大影响;二是最原始的语音信号数据含量大,系统模型的计算量与运行时间也会大大增加,同时数据的存储负担也会变大;三是受到系统模型的输入要求影响,例如基于卷积神经网络模型的声纹识别,其输入一般是二维的语谱图,而不是最原始的语音信号。要得到声纹识别模型输入的特征参数,我们一般需要对原始语音信号实行分帧操作。由于声纹特征由语音信号每帧中的特征参数形成,因此特征参数种类的选择对系统精度的影响尤为重要。

2.特征参数的分类

在声纹识别技术中,由于语音信号存在不稳定性、语音信号特征参数容易丢失、实际环境比较复杂、语音容易被模仿、样本参数不足等问题,声纹识别技术特征参数的提取方法与方式有待更进一步优化。选择不同的特征参数,其系统识别率也会不同,选择合理的特征参数不仅可以提升声纹识别系统的稳定性与鲁棒性,还可以提高识别率。声纹识别技术发展至今,使用的特征参数大致归为三类:通过语音频谱直接导出的数据,包括共振峰、感知线性预测系数(PLP)与梅尔频率倒谱系数(MFCC)等;线性预测系数与它的派生系数,例如线性预测系数(LPC)、线性预测倒谱系数(LPCC)及它的组合参数等;混合参数,由以上不同特征参数组成的特征矢量。

(三)声纹模式匹配

识别模型的选择是声纹识别技术的重点,采用不同的模型,声纹识别的效果也会不同。声纹识别是典型的模式识别,声纹识别系统中的模式匹配是模式识别中对算法进行的分类。在声纹识别系统中为说话人建立一个模型库,在训练阶段得到说话人的模型参数,在测试阶段通过模式匹配打分得到最终的得分。常用的模型有概率统计方法、人工神经网络(ANN)、矢量量化方法(VQ)、动态时间规整方法(DTW)、高斯混合模型(GMM)和判决规则等。人脸识别+声纹识别无疑会进一步增加轨道交通人流通行过程中的安全性冗余度,进而实现 AI 技术在轨道交通系统中的科技全覆盖。

三、保障音视频信息安全的基本原理

尽管音视频信息的采集、特征提取与分析算法已经日趋成熟与完善,逐步进入国家经济、工农业生产、科技研发、国防军事以及社会生活的方方面面,并取得了显著的有益效果,然而,人们的担心与顾虑也随之而至,会不会因为人类生物信息被广泛采集和传输而造成个人隐私的泄漏等。这是当前国内外存在的较为普遍的社会争议。

当然,任何事物均存在它的正反两面性。随着一种新的问题(矛盾)出现,人们完全有智慧将出现的"问题(矛盾)"限制在最小的范围,使其负面影响降到最低程度。为此,在国家完善法制与法治的同时,还有更为有效的技术手段予以解决。其中,最为基本的科学方法就是将人类生物信息采集与处理的全过程实施科学"加密",因为任何被采集源信息均可采用数学公式表达与存储,而数学公式的"加密"就属于一件"轻而易举之事"。

第九章　起重机检验技术

第一节　起重机检验危险因素识别及控制措施

一、起重机检验危险因素识别

(一)起重机设计、制造、安装产生的危险因素

当前,有一部分起重机械在设计时就存在一定的缺陷,比如起重机制动力矩不足、电动机效率不够等。还有少数起重机在制作时没有按照行业相关的规范标准进行制造,存在滥竽充数、鱼目混珠的情况,如起重机高强度螺栓用普通螺栓代替,安全保护装置中缓冲器和止挡装置不搭配等,这些问题都会直接对起重设备造成影响。起重设备往往需要现场安装,有一部分施工单位为了节约成本、获得更多的经济效益,在进行现场安装的过程中,会用一块普通的铁板代替止挡装置,通过焊接的方式将铁板焊接在应该放置止挡装置的位置,这样的装置根本无法与缓冲器匹配,在起重装置进行工作时,只能通过与扫轨板进行碰撞来止挡。在多次碰撞之后,容易造成扫轨板变形,增加出现安全事故的风险。

(二)设备固有危险

在实际的运行中,起重机械往往承担着非常重的工作量,物件体积巨大,起重机本身的部件组成也非常复杂,因此在设计、生产与安装期间所消耗的材料非常多,加工程序和技术也随之复杂化,因此设备本身带来的检验危险因素是不能忽视的。常见的危险情况包括:

(1)起重机械设计期间未与实际情况相结合分析,起重设备与实际应用不相契合,造成了运行难度和使用安全性威胁。

(2)检验与维修期间存在的设备安全问题,导致此问题的原因包括使用原材料质量不佳、生产技术落后、未按国家标准执行等。

(3)安装期间存在的危险,大多是因为执行人员工作经验不足,在进行起重机机械安装时未严格按照图纸和技术要求进行,过于主观,从而导致安装混乱,给检查工作造成了阻碍。

(4)起重机设备老旧,部分企业出于节省开支的想法而忽略起重机检验基础设备的更新与完善,致使设备落后,未及时更新和维修,检验结果与实际不符。

(三)起重机人为因素风险识别

在起重机运行过程中,操作人员占据关键性地位,是保证起重机持续运转的关键性阶段。但是,经过对起重机突发事故数据分析发现,由于人员疏忽原因造成安全风险的比重较高,因此在起重机运行过程中开展人为因素风险识别是非常重要的环节。相关工作人员一定要重视操作环节的风险排查,基于起重机运行的各个环节,将起重机运行风险扼杀在摇篮里。另外,起重机在运行过程中由于操作人员的失误也会引发起重机发生安全问题,因此一定要提升施工人员的操作安全意识,在保证安全第一的前提下开展施工作业。企业要为施工人员提供安全防护措施,保证在施工过程中配备安全绳等基础设施。制定安全事故规定,要求相关施工人员按照相关规定开展施工操作,预防由于违规操作造成起重机安全事故的发生,对企业的稳定发展具有一定的推动作用。

二、起重机检验危险因素识别的控制措施

(一)做好起重机现场检验工作

就起重机而言,因为其工作的环境比较恶劣,所以当起重机设备置身于复杂多变的天气环境中,就会给设备留下极大的安全隐患。而对于天气而言,若想要采取有效的方法对外界的环境因素进行改变是非常难的,所以在起重机设备开展检验工作的时候,就应该依据有关的标准规定来严格进行。具体来说,在对起重机进行检验的过程中,应将室外的天气变化情况及温度等有关的调查和检验工作做好,还应该采取科学的技术,由具备丰富检验经验的团队运用专业设备和科学的方式来开展相应的检验工作,并且在这个过程中还应按照相应的安全防护指导书、规范要求及作业指导书等来严格进行。与此同时,对于起重机而言,还要求设备的每个部件和电路之间都应该保持安全的距离,特别是动力线路和控制线路之间的安全距离,这样才可以有效地防止控制信号之间互相影响和干扰,从而对其安全操作造成影响。

(二)做好对起重机零部件的检验工作

检验工作开始之前,需要针对起重机的架桥进行检验,确保在检验工作中能够正常工作,提供安全保护。在对卷筒等旋转作业的设备进行检验之前需要将设备的电源切断,避免设备运行对检验人员造成伤害。检验桥架上方的空载设备过程中,检验人员要注意自己所站的位置,避免发生坠落现象。同时要观察小车的运行情况,避免发生碰撞。这些都是在对起重机设备检验过程中需要注意的细节问题,关系到人员的安全,需要充分注意。

(三)树立正确的安全意识

作为操作人员、检验人员及其他相关的工作人员,必须树立正确的安全意识。充分认识到起重机设备本身就存在危险因素,要在全体员工中明确,进行起重作业是一项非常危险的工作,任何一个环节的失误都会造成安全事故,要想保障起重作业的安全,就需要在

各个环节杜绝安全隐患。只有每一个相关工作人员都能意识到起重机械与起重作业的危险性，才能在日常工作中保持精神的高度紧张，保持工作的细腻严谨。只有每一个人都树立起安全责任意识，才能对起重设备的危险因素进行有效的控制。

（四）加强起重机操作环境的危险因素控制

在起重机实际运行过程中受外界因素的影响较为严重，是影响起重机稳定运行的关键。由于起重机属于电力机械设备，需要依靠电力系统才能稳定运转，起重机在室外开展施工作业时，如遇暴雨、暴雪等恶劣天气，对起重机运行的电力系统具有一定的威胁，由于空气中的含水量增加，对起重机电力系统的内部零件造成不同程度的腐蚀，在起重机运行过程中增添安全风险系数，严重时会造成人员伤亡，延误工程施工进度，不利于企业安全稳定地发展。因此，在遇到恶劣天气的情况下，及时停止起重机的运行操作，积极对起重机电力系统进行检测，完善电力系统保护装置，降低起动机电力系统的危险概率。在起重机进行室内施工作业时，重视高温危险因素的影响，加强对温度的控制。通常$-5 \sim 40 \, ^{\circ}\text{C}$为起重机运行的最佳温度，起重机在运行过程中超出该标准就会影响起重机的稳定性，增加起重机运行的危险系数。因此，为了改善温度对起重机的影响，能不断提升起动机的性能，不断优化起重机系统，提升起重机自身抵抗不良环境影响的能力。另外，在起重机运行过程中，加强操作现场环境控制，重视起重机电线安装，防止出现电线故障影响引发起重机危险事故。在起重机实际操作过程中重视周围环境，与建筑工程保持一定的距离，防止起重机与建筑工程发生碰撞，造成建筑工程坍塌的现象。

（五）检测起重机管理系统

物联网技术在起重机管理系统检测中的应用主要体现在智能终端检测系统方面，在起重机检测过程中，检测人员会应用由物联网技术组成的管理系统，该管理系统被安装到智能终端中，检测人员只需要手持终端，就能从中观察到电子标识结果、传感器识别结果以及远程控制系统等内容。在检测起重机时，只需要将电子标识贴在需要检测的关键位置，传感器就可以将电子标识中的各项参数识别出来并传输回智能终端。此时检测管理系统会将起重机的常规参数与实际检测参数进行对比分析，判断参数的差异性情况。电子标签中含有起重机的所有关键数据，智能终端界面显示结果直接对检测人员起到数据支持作用，只需要持有该终端，检测人员就可以快速判断起重机的异常情况。

（六）检测起重机安全防护装置

物联网系统还能够按照作业要求，利用手机终端将已经获取的故障信息发送到技术人员手中，对起重机操作人员给予一定的警示。物联网与检测技术的结合，使起重机能够精准定位设备与周边行人、小车的位置，监控行人、小车的路线，起重机将以此为操作人员提供准确提示，方便操作人员调整设备运行路线，科学调度设备位置。物联网可以根据起重机位置的实际情况，沿着设备需要行驶的轨迹，对设备进行方向定位，形成电子标签，此时与起重机相连的其他设备只需要在设备特定位置安放电子标签，起重机就能够将这些设备识别出来。

第二节　起重机机械检验工艺技术

作为工业工程生产中极为重要的设备,起重机能否安全、稳定、高效地运行,主要取决于起重机的状态。因此,对起重机进行检测及检验的重要性显而易见。

一、起重机检验原则

实践经验表明,在对起重机进行检验期间,技术人员应全面掌握相关原则,借此降低问题发生率,在保证检验效果的前提下,使起重机更加安全。

(一)差异原则

日常检验期间应严格遵守差异原则,科学分析设备的使用环境、所处状态,综合考虑设备类型、机器差异,确定检验方案与技术,为检验工作的有效性提供保障。考虑到不同起重机内部的设计和布局不同,其所适用的检验方案自然有所差异,因此技术人员应坚持以检验结果原则为导向,灵活运用不同技术完成检验工作,在不损伤起重机的前提下,推进检验工作的有序开展。此外,检验期间还需要遵循区域化原则和评估性原则。

(二)区域化原则

即以起重机结构、运行状态为依据,确定较易发生故障的区域,在此基础上,有针对性地完成检验工作。该方法既能压缩检验时长,又可提高检验效率,使检验工作更具经济性。

(三)评估性原则

若检验期间发现起重机出现磨损或裂纹,则要在评估性原则的引导下,判断问题的严重程度并提出解决方案。如果磨损、裂纹程度较轻,则应按相关标准进行修复和复检;若问题较严重,则需要对部件进行整体更换。

二、起重机检验技术与策略

(一)做好前期准备

作为典型的特种设备,起重机具有生产流程复杂、成本高等特点。为保证检验工作按照预期计划高效开展,技术人员须提前完成以下工作:

(1)起重机检验具有较强的专业性,检验工作开始前须准备相应的技术、检验文件,为后续检验工作提供科学指导,如厂商提供的调试报告、装箱清单和合格证,安装方提供的安装图纸、文字说明及线路图,管理方提供的事故报告和自检报告。以上资料均需要负责人盖章并签字,才能正式生效。

（2）工作开始前还须完成以下工作：①逐一检查电压和电源状态；②清理起重机械周围环境；③在指定位置设置警示牌。

（二）掌握技术要求

为保证起重机性能可靠，需定期对其质量进行检验，技术人员应以现行条例、检查规定为依据，确定检验重点。现行检验标准关于机械检验的规定主要涉及19个方面，包括但不限于监督检验与定期检验规则、校准规则、试验细则以及使用规则等。考虑到起重机类型相对较多，不同类型的起重机特征不同，因此只有先了解起重机类型，再结合起重机特点完成相应的检验工作，才能取得符合预期的效果。一般来说，检验内容均应涉及以下层面：

（1）起升机构、运行机构、制动机构、电气保护装置及钢丝绳等零部件的检验，明确以上零件是否存在磨损不均匀、表面有裂纹或是塑性变形等情况。

（2）桁架和支腿等金属结构连接部位的焊接质量、载荷能力及绝缘能力。

（3）主梁腹板、吊具是否出现损伤、变形或耐热性下降情况。

（4）各零件之间所形成摩擦力是否符合要求，零件所表现出耐腐蚀性是否达标。

（三）酌情选用技术

1.渗透检验

实践经验表明，多数起重损伤均呈裂纹等表现形式，若机械内部存在大量裂纹，不仅会对机械承压能力造成影响，还会使起重机出现坍塌、崩裂等情况，进而产生风险。针对该情况，要求利用渗透法重点检验裂纹，通过快速扫描等方式，全面了解起重机质量，确保扫描结果得到直观展示。技术人员的职责是以计算机所展示的图像为依据，判断其是否有检修的必要并完成后续工作。事实证明，该技术可使精准定位的设想成为可能，在保证所提供数据准确的前提下，使维修质效得到大幅提高。鉴于此，对裂缝损伤进行检验期间，技术人员应首选渗透法，进而为检验质量提供有力保障。

2.射线检验

在检验起重机时应综合考虑多方因素，选择切实可行的检验技术。其中，射线检验技术应用较多。该技术多用于内部检验，在快速发现起重机潜在损伤方面，具有其他技术所无法替代的作用。以X射线为例，该射线能在不损伤起重机的前提下，通过折线的方式全方位了解结构焊接处的焊接质量，确保技术人员及时发现结构存在的脱焊问题，进而制订相应的解决方案。

（1）一般来说，该技术主要用于检验处于质检阶段的起重机，其充分利用起重机壁厚相对较薄的特点，达到检验目的。该技术具有明显的优势与不足，其优势主要体现在以下方面：①精度理想；②可搭配信息技术使用，将检验所获得数据同步至计算机，由计算机对各项数据进行智能且高效分析，将漏检、错检及其他常见问题的发生率降至最低；③检验系统内置数据库可为技术人员制定决策提供科学依据，使诊断故障的准确率最大程度接近预期。

（2）该技术的不足之处为：①该技术对钢板厚度的要求相对严格，若钢板厚度超出规定范围,则会因为射线难以直接穿过钢板,导致检验结果不符合实际情况;②若起重机内部布局不规则,则无法凭借射线发现潜在问题,进而造成漏检或其他问题。鉴于此,技术人员应以起重机钢板厚度为依据,酌情判断其是否满足使用射线法进行检验的要求。

3. 超声检验

超声检验便于技术人员快速了解起重机存在的细微缺陷及异常,如内部脱焊、升降区结构存在异常等。在此基础上,对现状问题加以解决,使起重机维持正常运行,为起重机稳定、高效运行提供助力。众所周知,超声波频率极高,决定了该能量波可快速穿透起重机外壳并到达内部,技术人员仅需借助计算机便可直接分析检验数据,在准确排除潜在问题的同时,使检验效率最大程度地接近预期。此外,起重机内部存在其他技术难以直接检测的位置,改用超声波可以彻底解决该问题,通过快速、全方位检验,使检验工作更具经济性。

4. 目视检验

目视法同样可用于起重机械检验。该方法对检验工作所提出的要求相对宽松,通常仅需掌握一定基础知识,便可通过目视法完成检验。但要注意该方法仅能用于表面检验,无法准确探知内部损伤,因此除极特殊情况外,该方法均要配合其他方法加以运用。技术人员可通过目视,全面了解起重机所处状态、是否存在表面损伤,待结构检查告一段落再对内部进行检查,期间应将重心放在生锈区域和裂缝区域上,掌握损伤情况。

技术人员须提前获取起重机结构、机械部件相关数据,再结合所掌握数据完成后续工作,由此判断起重机运行状态。目测过程中应始终明确目测的本质为辅助检测,通过目测仅能大致了解起重机状态,而无法及时发现细微的损伤或异常。目测法具有无须借助其他设备、对外界环境无明确要求等优势,具有效率良好、成本低廉的特点,应酌情对其加以运用,确保该技术的价值得到最大化实现。

5. 磁力检验

磁力检验是一种典型的弱磁检验技术。在该技术应用过程中要注意,磁粉往往能直接影响该技术的准确性,如若技术人员对工件磁粉进行检验,但未能做到及时退磁,则会使磁场信号被覆盖,进而造成检验结果不具有实际意义。由此可见,条件允许的情况下,应优先选用记忆磁粉完成检验工作,在准确掌握潜在威胁的同时,使检验效率得到大幅提升。

具体方法如下:①利用记忆磁粉分析起重电压,形成相应的磁场;②分析电压、磁场状况,了解存在异常的部位并定位。

考虑到该技术对磁场具有极强的依赖性,一旦出现磁场混乱情况会影响检验结果,故在利用该技术开展检验工作前,须确保现场磁场状态良好,及时排除潜在干扰,将问题发生率降至最低。

在建设行业飞速发展的当下,起重机的重要性日益凸显,随着起重机使用率的增加,由起重机引发的事故数量也不断增多。为保证起重机始终处于安全、可靠的运行状态,需要定期对其进行检验,全面了解既有检验技术是确保检验工作高效推进的关键。前期准备阶段,技术人员应提前掌握工作原则并做好准备;检验期间,根据实际情况对不同技术加以运用,确保目视、射线检验及渗透检验等方法的作用均能充分发挥。事实证明,立足实际对不同技术加以运用,既能优化检验质量,又可提升工作速度,应引起重视。

第三节　起重机接地检验

一、起重机保护接地系统结构分析

由于起重机的使用环境非常恶劣,如高尘、高温、高湿等,因此保护接地线路配置工作必须能够结合起重机的实际使用环境和作业标准确定。在实际应用中,由于起重机用电设备具有移动性,需要采用滑触线、电缆、集中导线的形式来保护导线,这样才能够降低发生意外事故的概率。

在对起重机的保护接地系统进行日常检测时,需要对 PEN 线、PE 线、等电位连接系统等进行全面检查,这样才能够避免出现供电中断等问题。很多企业在日常生产中,会将保护导线和中性线相互混淆。

在起重机日常应用过程中,起重机的外部连接保护导线需要专门设置,并且要明确外界保护线的连接方式。现如今,根据馈线处供电系统接地方法,主要的外部导线连接方式有配电系统 PE 线、保护接地极、PEN 线三种。

二、接地及接地电阻

(1)工作接地:为了电路或设备达到运行要求的接地,如变压器中性点的接地。

(2)保护接地:为安全目的在设备、装置或系统上设置的一点或多点接地。

(3)重复接地:保护中性导体上一处或多处通过接地装置与大地再次连接的接地。

(4)等电位连接:在外露导电部分和外露导电部分实现电位相等的电气连接。

(5)接地电阻:被接地体与地下零电位之间间接接地引线电阻、接地器与土壤之间的过渡电阻和土壤的溢流电阻之和。

三、起重机系统接地的形式

(一)IT 接地系统

该接地系统的电源中性点(带电部分)不接地或者通过阻抗接地,电气设备的外露可导电部分直接接地,通常不引出 N 线,属于三相三线制系统。系统接地应符合《系统接地的型式及安全技术要求》(GB 14050—2008)要求。

IT 接地系统在供电距离不是很长时,供电的可靠性高、安全性好。运用 IT 接地系统,即使电源中性点不接地,一旦设备漏电,单相对地漏电流仍小,不会破坏电源电压的平衡,所以比电源中性点接地的系统还安全。采用 IT 接地系统时,起重机的电气设备的外漏可导电部分的接地电阻不大于 4 Ω。

(二)TN-S 系统

TN-S 系统中性线 N 与接地线 PE 分开,即三相五线制,设备全部外露可导电部分均与公共 PE 线相连,接地体在电源中性点处被共用。同时,避免正常情况下 PE 线带电采用重复接地,确保 PE 线的可靠性。

(三)TN-C 系统

TN-C 系统中性线 N 和接地线 PE 合用组成 PEN 线,即日常的三相四线制,外露的设备导电部分与 PEN 线相连。TN-C 系统通常都能满足供电可靠性要求,但当线路中出现单相用电设备或者三相负载不平衡时,PEN 线会有电流通过,必须考虑采用合适的导线截面、快速断开保护装置及熔断器等辅助设备确保安全。

(四)TN-C-S 系统

TN-C-S 系统结合了 TN-S 系统与 TN-C 系统的优缺点,前一部分中性线 N 和接地线 PE 是合并的,其他部分 PE 线与 N 线从某点分开不再合并。

(五)TT 接地系统

TT 接地系统的电源中性点接地,电气设备的金属外壳也直接接地。采用 TT 接地系统当漏电电流比较小时,即使有熔断器也不一定能熔断,所以还需要漏电保护器作保护。采用 TT 接地系统时,电气设备的外漏可导电部分的接地电阻不大于 4 Ω。

四、起重机接地检验的主要内容

(一)检验电路

在起重机接地保护装置检验的过程中非常重要的一个内容就是检验电路。具体来说,就是对电路导线的连续性、独立性及每一个连接点进行检验。就导线而言,这是传递电流的主要渠道,通常就是将铜芯或者铝芯作为导线材料,然后在导芯的外面增加一层绝缘体。在这个过程中应该详细地检验所用材料的性质,并且应该将线路的连接点找好,在线路拆除的时候也应该将相应的标记做好,这样便于线路后期的连接,进而可以使得线路检验的安全性得到保证。在我国,大部分的接地导线的截面都控制在16 mm 之内。与此同时,在起重机接地检验的过程中,还应该重视支架、导管、金属外壳及金属线槽等部分的检验,并且对于这些部件来说,还应该对接地线进行单独的设置。而就独立保护来说,其实就是指每个导线都是独立的个体,相互之间并不影响,尤其是开关、元器件及电源等,在检验时主要对其有无破损情况进行检验。

(二)起重机的防护设置检验

起重机械接地系统和大部分供电系统相同,在整体的防护系统中,分别分为 TT 系统、TN 系统和 IT 系统,在集中装置中需要通过剩余电流装置(RCD)将电流切断。在 TT 系统中,需要对电气设备金属外壳对地故障电压有效地控制在 50 V 以下;IT 系统中,因为人体电压大于接地电阻,人体和接地体之间是一种并联情况,若是电气设备产生漏电,很多电流会通过接地体,只有很少一部分电流通过人体,这样就可以将电压控制在安全范围之内。在实际的 IT 系统中,除上述接地方式外,还需要通过相关装置实现预警防护。在 TN 系统中,RCD 不是一种必要的处理方式,可以结合实际情况,在没有 RCD 时,可以通过电流防护器对电流进行截断。按照防护的设置可以通过审查法或者目测法来实现。起重机械在进行整定值的建立中,是按照剩余电流进行 RCD 整定值的创建,其中的相关详细数据需要确保其和相关规范要求相符合,采用资料排查的方式进行检验。

(三)起重机外部接地连接检验

起重机外部连接进行检验方面,主要是针对保护导线连接及等电位连接和接地极测量等接地电阻进行检验。起重机的接地装置符合以下四个方面的要求可以认为合格:

(1)起重机当中任意一点接地电阻都≤4 Ω。

(2)通过接地的导线截面扁钢需要≥150 mm,铜线需要≥10 mm。

(3)接地线之间以及和大车轨道之间需要焊接可靠。

(4)大车轨道两端的接缝位置需要进行跨接线的焊接。前者通常主要应用在 TT 系统,后者通常主要应用于 IT 系统。

五、起重机接地检验常见的问题分析

(一)供电方式误判

从实际情况分析,四芯或五芯的进线端电缆是现阶段起重机接地检验的常使用电缆,三芯的导电滑线电缆易使起重机检查工作人员存在错误判断供电方式的现象,不能有效实现起重机良好的接地保护,使起重机漏电故障发生率有所增加。为了能够有效解决这一问题,企业应更换各种五芯、四芯滑线,直接连接起重机的金属结构、零线保护线,以此提升漏洞保护装置的灵敏度,使起重机运行稳定性得到保障。

(二)混用接地方式

企业在起重机接地检验过程中,将《低压配电设计规范》(GB 50054—2011)相关规定作为参考,一部分保护接零、一部分保护接地的方式同时出现于同一台变压器供电范围中,会使漏电发生率增加。即使有的接零设备未发生漏电故障,也会导致 110 V 的危险电压发生率增大,甚至给工作人员的生命安全带来极大威胁。只有遥控控制起重机能够运用多种接地方式混用的接地保护模式,一般起重机都不能使用。

(三)保护接零与保护接地

起重机接地检验中工作人员易出现混淆保护接地、保护接零概念的现象。常见的接地保护主要包括保护接地与保护接零。其在带电现象与操作人员触电事故发生的预防方面均发挥良好效果。为了防止电气设备出现断电的现象,在其正常运行的情况下,将连接地线与带电的金属部分,即接地保护。在中性点不接地配电系统中比较适用这种保护方式。保护接零方式则是连接系统中的保护线 PE 和金属导体,将其连接电源接地点。在这种情况下,如果设备绝缘碰壳发生单相短路,工作人员应及时将设备电源切断,同时在进行其他操作时应保证操作人员的生命安全。

六、起重机接地检验相关措施分析

(一)外部接地连接的检测

1.接地极接地电阻

在 TT 系统中,因为起重机 RCD 动作所能够承受的电流、保护接地电阻所需要的电流两者相乘不能高于 50 V;在 IT 系统中,第一次接地故障的电流、保护接地电流电阻相乘需要小于 50 V。因此,在接地连接电流检测的过程中,以精确的接地极电阻检测方式,保证数据检测的准确度,更好地发挥外部接地连接保护的作用。

2.保护导线连接

TN 系统中,应当融合电源中的 PEN 端子与 PE 端子,且将其与起重机保护接地导线连接,这种方式下可提升安全管理的效果。检测过程中将专业知识与经验融合,通过目测的方式检查,但是,对操作及检验人员综合职业能力有较高的要求,需要提升重视程度。

3.等电位连接

应用总等电位连接的方式,将 PEN 干线、轨道及相关金属附件等和建筑物电位端子板进行连接。同时一般也是使用目测的方式检测,对各类导线连接情况进行检查。

(二)保护接地电路的检测

保证连接点、接地导线及保护导线运行的畅通性。保护导线需要尽量选择有色导线,一般颜色是黄色与绿色,且通过序号、标准等进行标记处理。若具有非铜导线的问题,则保障导线电阻单位长度需要低于铜导线电路单位长度,直径也应至少 17 mm。检测的过程中,一般应用目测的方式检查,或者根据相关资料进行核对。必要情况下,需要对导线截面面积进行测量,明确相关数据信息,进而保证起重机保护接地线路可正确得到连接。

地接连接方面需要注意起重机自身金属结构、供电线路底线滑触器的连接质量,将起重机金属外壳、金属线槽及管线等进行接地处理。提升导线保护的效果,保证起重机的安全运行。保护导线需要使用专门的集中导管,中性导线也需要使用专门的滑触线,且均应用复式集电器。通过这种方式更好地开展安全检测工作。

(三)重视防护电器的检测

防护电器的设置,能够直接影响起重机检测的安全性。要求每位工作人员均需要提升检测、防护工作的重视程度。根据型号、整定值等进行科学分析,优化管理细则。在 TN

系统管控的过程中,需要保持电流防护器的自主断电能力,保证在故障发生后能够快速响应并处理。保证警报信号发生后能够快速切断电源,更好地发挥防护作用。检测人员需要详细检索相关的资料信息,学习最新的科学技术,总结经验。过电流防护电器的设置值,需要和相关规范要求相符,进而保证电路运行的稳定性。

(四)重复接地电阻测量

防止保护零线在配电线路中出现断线是起重机重复接地的主要目的,以达到触电事故的预防效果。保护接零如果只是通过 PE 线与电源处接地并不能取得良好效果,经由 PE 线一处或多处采用接地装置与大地连接,将漏电设备对地电压削弱,使 PE 线断线的触电危险率降低,且在接地短路与碰壳的持续时间的减少方面具有一定优势,使起重机重复接地。企业常用的接地方式为 TNC 系统,按照要求必须进行重复接地。在测量过程中,需要将 PE 线从接地装置上断开才能进行测量。如果不断开,易导致测量数据与实际重复接地的每一处接地电阻不相符。但是从实际情况来看,在测量中不能全部拆相关的 PEN(PE),在这一形势下,对钢结构厂房而言,一般整个厂房的 PE 线和供电变压器的 PE 线连接在一起或者做整体接地网络,使起重机与厂房的接触电阻可以达到相应接地电阻特性的表征,同时,注意在测量过程中做好测量点的油漆及除锈工作。

第四节　桥式起重机检验

一、桥式起重机的结构组成

(一)桥架结构

桥架结构是桥式起重机的骨架结构,是构建桥式起重机的基础内容。桥架结构包含了桥架端梁、桥架主梁、桥架走台等内容。在桥式起重机开展施工时,主梁的主要功能便是跨越地面之上,开展有顺序、有步骤的工作。通过科学的工作组织,将箱形、腹板、圆管等内容进行统筹,为之后的工作做好准备。桥架主梁的主要作用便是安全保障,桥架主梁在桥式起重机的两端设置,并在两端设立了安全杆装置。桥架走台一般在驾驶室一侧和电气装置一侧设置得相对较多。导轨在桥式起重机中一般起到了运输的作用,以便于小车移动和电气设备移动。

(二)大车移动结构

大车移动结构是由大车拖电动机、减速器、传动装置、车轮、制动装置等内容构成的。在开展桥式起重机运转的过程中,大车移动结构一般是通过集中驱动和分别驱动两种手段开展的起重机移动工作,也是桥式起重机工作当中的必需结构组织。

（三）小车移动结构

吊车移动结构能够与桥架轨道进行联合使用，使小车可以顺着轨道的趋势进行移动。小车移动结构主要是利用钢板进行焊接，小车移动结构的内容有电动装置、制动装置、联轴节、减速装置和车轮等。在小车移动结构驱动的过程中，主要是通过主轮减速和一些装置减速的手段，保障运行装置更加安稳。客观来说，通过主轮间设置减速箱和小车一侧设置减速箱。其中，在小车一侧设置减速箱，使得安装减速工作变得更加敏锐和简单。

（四）提升设备结构

提升设备结构是桥式起重机起重工作开展的重要手段，其中包含了减速器、电动卷筒等结构内容。联轴器和制动轮是与缠绕钢丝进行联系的。当开展起重工作时，起重吊钩便会随着钢丝转动形成起重工作。此外，若起重工作开展的总量达到15 t以上，那么往往会在起重机的基础上，加以配套的提升结构。所以，起重机在开展运行的过程中，是需要依靠吊钩进行的，并随着卷筒旋转而实现的重物起重。通过此种形式，实现了重物的起重和运输工作，并且通过旋转卷筒能够实现不同方向的起重任务。

（五）司机操纵室

司机操纵室便是桥式起重机司机的操控空间，其目的便是有针对性地操纵起重机和起重吊舱。司机操纵室的主要装置便是控制装置，主要包含小车控制装置、起重保护装置、升降控制装置。司机操纵室一般会设置在主梁的一侧，并且司机操纵室的上方会设置走台，以便于检修人员和司机的走动。

二、桥式起重机的性能检测措施

由于桥式起重机的基础构架组成相对复杂，且集合了多领域技术（信息集成技术、机械智控技术等），进一步增加了设备检验难度。为此，提高检验频率，优化检验手段，切实保证设备的安全稳定运行至关重要。应用频率较高的几种桥式起重机检验方法如下：

其一，水准仪法检测。与其他检验方法相比，水准仪法的运行流程相对简便。其基本操作步骤如下：检验技术人员将水准仪增设在起重机主梁上，确保设备各部分结构的协同运作，记录运行参数。另外，还可以借助小车悬挂钢尺板，将水准仪平放在地面，完成整个测量过程。

其二，拉钢丝法检测。借助特殊规格的钢丝，将其一端固定在起重主梁上，另一端悬挂在重锤上，再根据起重设备实际高度，将等高测量仪器摆放在两端和钢丝内，准确记录钢丝梁端拉应力数值，依照相应公式完成性能测算。

其三，全站仪检测。全站仪涉及机、光、电三部分，具有测算高度差和垂直角度的实际功能。与光学经纬仪相比，全站仪的优越性得益于对光学度盘的优化升级，其融合了现代电子科技，进而代替人工读数，提高了实际工作效率，且增强了精确性。在实际检测桥式起重机的过程中,仅仅依靠单次固定就能完成对其中参数合理性的检测,整个工作效率的突出性是其他检测方式无法企及的。然而,物以稀为贵,市面上流通的桥式起重机全站仪检测设备造价昂贵。基于此,为节约成本,部分企业会选择短期租赁或雇用第三方检测机构的方式,控制检测成本支出。

其四,经纬仪检测。在检测主梁下挠度参数的过程中,可以借助经纬仪完成测量工艺。在正式开始检验前,需要将带有刻度的直尺搁置在主梁中间恰当的位置。在落实一系列前期准备工作后,利用小车空载调节经纬仪水平尺度,然后将小车加载。在此过程中,下压力会导致主梁发生形变,进而准确记录经纬仪屏幕内部中心点的下降尺度,参考夹角运算公式准确测算主梁下挠参数。我们都知道,经纬仪检测流程相对简便,但其适用范围具有一定局限性。

三、桥式起重机的无损检测技术

由于起重机的种类较多,结构复杂,因此对不同种类的起重机,以及对起重机的不同部件的检测方法和检测标准都存在着一定的差距。例如,就起重机整体而言,要求不能存在任何的缺陷和裂纹等损伤,如钢丝管、真空吸盘、滑轮以及安全钩这些部件,不允许有任何裂纹存在。对钢丝绳、吊链环这类悬挂重物的部件,对其承重能力和抗磨损能力要进行着重检验。

(一)目视检测法

目视检测法作为一种比较直观的检测方法,其主要针对的是起重机中一些比较明显的部位或功能的检测,即设备的安装、测量和安全措施等,还有在电气部分中照明设备、电路信号及电器保护装置。在目视检测中,一般是根据检验人员的经验和借助简单的检测工具得到的一些数据对机械的安全系数做出大致的评估。相比于其他检测方法,目视检测的优点是显而易见的,成本低而且简单易操作,但其检测结果的可信度上存在一定的不足。

(二)超声检测

超声检测即利用发射装置向起重机带检测部位发射超声波,根据所发射的超声波在不同部位所透射、反射的结果的不同,得到起重机被检测部位的真实情况。相比于目视检测而言,超声检测不但能够检测机械表面的损伤情况,也能够对机械内部存在的损伤或缺陷进行检测,同时检测结果也更加精密。超声检测的优点在于成本不高、设备轻便易携、检测结果的可信度高,但超声波的检测只能针对于小面积的精密检测,对于大面积的检测而言,其检测效率并不高,而且存在一定的检测盲区。

(三)射频识别技术(RFID技术)

RFID技术作为一种利用射频技术对起重机进行检验的检测技术,以其独特的优势在起重机检测技术中占有重要地位。RFID的主要工作原理是利用射频信号和电感耦合的性质,实现不用直接接触就可以自动进行识别的技术。在传统的起重机检验过程中,检验人员要确认起重机的位置信息就只能通过人工现场观测记录,对于工厂中的起重机检验而言,由于起重机数量较多,完成这一项工作需要大量的时间和精力。而通过 RFID 技术,工作人员可以轻松地完成对起重机的定位工作。RFID 技术在运用过程中有着易于操作、识别迅速及使用周期长等优点,但相较于其他检测方法而言,其成本较高,且理论技术还有待完善。

四、桥式起重机质量检验存在的缺陷

(一)产品代码信息编制不完善

在选取桥式起重机设备的过程中,应当全面检查其设备型号和质量标准。在性能检测环节,由于桥式起重机生产厂家在设备参数设置等方面存在本质性差异,因此设备的适用范围也不尽相同。部分桥式起重机生产厂家甚至未严格遵守我国现行的《土方机械　产品型号编制方法》(JB/T 9725—2014),整体参数设置严重偏离标准规范,由此增加了后期检验的难度,也增加了运行过程中发生安全事故的概率,给企业造成无法挽回的经济损失。

(二)安全防护不到位

我国制定并出台了一系列关于桥式起重机检验工作的规章条例。然而,在实际检验工作运行过程中,基层检验技术人员受职业素质限制,安全责任意识匮乏,对相关条例缺乏深刻认知,未能及时做好安全防护措施,导致安全事故的发生。与此同时,企业对起重机设备性能检测工作缺乏应有的重视,使得其在运行过程中经常发生吊具脱落、钢丝绳断裂、滑线脱轨等问题,这不仅阻碍了正常的加工生产,还会危害一线作业人员的生命安全。

五、优化桥式起重机性能检验的具体措施

(一)依据现行标准检查设备质量信息

在检验桥式起重机的过程中,完善编制代码信息是提高设备运行安全稳定性的关键因素。针对此,在实际检验环节,要积极贯彻落实我国现行的《土方机械　产品型号编制方法》(JB/T 9725—2014),对编制代码进行系统核对。与此同时,按照编制代码的基本信息,进行桥式起重机的连接,在实际连接过程中,严格履行相关技术标准规范,采用规格为 0.2 cm×0.125 cm 的铜线。此外,在安装相应零构件的过程中,应充分参考对应的基本代码信息,有序运行各项安装工艺,最大限度地保证桥式起重机设备运行的安全稳定性,进而从根本上杜绝安全事故,为工业生产提供优质服务。

(二)加大对止挡装置性能检测的重视度

止挡装置是桥式起重机安全防护最基础且最重要的设备,其宗旨在于保护设备轨道

的平稳运行,避免钢丝绳发生脱轨,遏制安全事故的发生。基于此,在检验桥式起重机环节,应当对止挡装置运行状态加大检测力度,并判断装置放置点位的合理性,根据实际检验需求制定切实可行的检验方案。另外,在检验止挡装置的过程中,须履行相应的检验标准开展检测,并且全面记录检测过程所产生的所有数据参数,进而为其他零构件的安全防护检查提供参考依据,提高设备的运行效率。

(三)调整运行轨道

在桥式起重机运行过程中,轨道属于最基础且最重要的环节。为此,在实际检验过程中,应对轨道进行系统检验,并将跨度条件、直线标高等作为重点检验内容。与此同时,在检验轨道的过程中,要针对轨道的精确性及重点部位的螺栓紧固情况进行安全检查,最大限度地避免起重机在运行过程中发生脱轨问题。此外,在检验桥式起重机设备轨道环节,还须根据起重机承载标准进行全面的质量控制,避免其运行强度超过负荷限度,引发安全事故。通常来说,桥式起重机轨道的检验调整频率应当是 6 个月,当然也要具体情况具体分析,根据起重机设备的运行频率和基本性能标准,适当增加检验频率,以此确保桥式起重机运行的安全稳定性。

第十章 电梯部件检验技术

第一节 电梯限速器检验技术

在检验电梯限速器的过程中,必须遵从《电梯制造与安装安全规范 第2部分:电梯部件的设计原则、计算和检验》(GB 7588.2—2020)中有关对电梯限速器的要求,申请机构需要提供1套安装调试完毕、能够正常使用的限速器作为试验或检验检测样品,并且应当提供与正常安装使用相同的限速器钢丝绳1根(钢丝绳的长度由试验或检验检测机构确定),以及与限速器配套的张紧装置1套等。

一、机械动作速度

(一)检验要求

操纵轿厢安全钳的限速器的动作速度应不小于轿厢运行额定速度的115%,但应该小于下列各值:①对于除不可脱落滚柱式外的瞬时式安全钳装置为 0.8 m/s;②对于不可脱落滚柱式瞬时式安全钳装置为 1.0 m/s;③对于带缓冲作用的瞬时式安全钳装置或额定速度不大于 1.0 m/s 的渐进式安全钳装置为 1.5 m/s;④对于额定速度大于 1.0 m/s 的渐进式安全钳装置为$(1.25v+0.25/v)$ m/s。其中,v 为额定速度,单位为 m/s。

操纵对重或平衡重安全钳的限速器(如果有)的动作速度应大于轿厢限速器的动作速度,但不得大于轿厢限速器的动作速度值的10%。

(二)检验方法

在测试限速器机械动作速度时,用限速器速度测试仪对其进行机械动作速度测试,且应该至少进行 20 次机械动作速度试验,并且测量的 20 次机械动作速度值应该在规定的极限范围内。

二、超速保护电气装置

(1)检验要求:限速器电气安全装置的动作速度应小于限速器的动作速度。对于额定速度不大于 1.0 m/s 的电梯,电气安全装置的动作速度应不大于限速器的动作速度。

(2)检验方法:在用限速器动作速度测试仪测试机械动作速度的同时测试 20 次电气动作速度,同时必须满足至少进行 5 次反向电气动作速度测试,且每一次测得的电气动作速度均应该符合要求。

三、提拉力测试

（一）检验要求

（1）限速器动作时，限速器绳的张紧力（限速器的提拉力）不得小于以下两个值中的较大值：①申请人的提拉力预期值；②300 N。

（2）对于夹持式限速器，动作试验后钢丝绳不得产生永久变形。

（二）检验方法

使用限速器钢丝绳张紧力测试装置至少进行 3 次提拉力试验，且必须每一次得到的试验值均应不小于要求值。对于夹持式限速器，试验后目测钢丝绳是否产生永久变形。

四、限速器绳检验

（1）检验要求：限速器应该由与之相配的钢丝绳驱动，钢丝绳的公称直径不应小于 6 mm，限速器绳承载的安全系数不应小于 8。

（2）检验方法：在检验过程中，可使用游标卡尺测量钢丝绳直径，然后由提拉力试验测得的最大提拉力验证钢丝绳的安全系数是否符合要求。

五、轮槽检验

（一）检验要求

对于只靠限速器绳和绳轮的摩擦力来产生张紧力（提拉力）的曳引式限速器，限速器的设计制造要求：①轮槽应该经过附加的表面硬化处理；②轮槽底部应该有一个符合要求的切口槽。曳引式限速器应该规定限速器张紧装置的最小质量（最小张紧力），限速器绳轮的节圆直径与绳的公称直径之比不应小于 30。

（二）检验方法

审查资料，用刻度尺测量其直径。

六、复位检查装置

（1）检验要求：如果安全钳装置释放后限速器未能自动复位，则应该设置一个电气安全装置来阻止在限速器处于动作状态期间电梯的启动。

（2）检验方法：检查实物，手动检查装置是否能够复位。

第二节　电梯安全钳检验技术

一、检验要求

申请单位应当为试验或检验检测机构提供安装调试完毕后能够正常使用的安全钳作为试验或检验检测样品。

(一)对于瞬时式安全钳的具体要求

(1)需提供两个安全钳,包括楔块或者夹紧件。

(2)需提供试验或检验检测机构指定长度的两段导轨。

(3)如果安全钳可以用于不同型号的导轨,那么在导轨厚度、安全钳所需要夹紧宽度以及导轨表面情况(拉制、铣削、磨削等)相同的条件下,就无须进行新的试验。

(二)对于渐进式安全钳的具体要求

(1)需提供一套完整的安全钳装置,包括试验所需要的所有制动元件。

(2)需提供试验所需要的导轨。

二、瞬时式安全钳检验

(一)静压试验

1.检验要求

(1)使导轨从夹紧的瞬时式安全钳制动元件上滑动通过,并且记录:①与力成函数关系的运行距离;②与力成函数关系或者与运行距离成函数关系的安全钳钳体的变形。

(2)试验后钳体和导轨变形检查。

2.检验方法

(1)检验时采用一台速度无突变的压力机或者类似设备,使导轨从夹紧的瞬时式安全钳制动元件上滑动通过,参考标记应该画在钳体上,以便能够测量钳体的变形,测试内容为:①与力成函数关系的运行距离;②与力成函数关系或者与运行距离成函数关系的安全钳钳体的变形。

(2)在测试过程中,应记录运行距离与力成函数关系的曲线,试验后:①应将钳体及夹紧件的硬度与申请者提供的原始数据相比较,特殊情况下可以进行其他分析。②若无断裂情况发生,则检查变形和其他情况(如裂纹、磨损和摩擦表面的外观等)。③如果有必要,应当拍摄照片作为变形和裂纹的证据,并且将记录试验数据绘制成两张图表:第一张图表绘出与力成函数关系的运行距离(距离–力图表);第二张图表绘出钳体的变形(变形–力图表),它必须与第一张图表相对应。

（二）允许质量的确定

1.检验要求

（1）瞬时式安全钳吸收能量的能力由距离-力图表上的面积积分值确定。

（2）试验后,根据试验后瞬时式安全钳变形状况,计算瞬时式安全钳的允许质量。

2.检验方法

（1）根据距离-力图表和变形状况计算瞬时式安全钳能够吸收的能量,根据申请单位提供的额定速度计算自由降落距离。

（2）根据试验后瞬时式安全钳变形状况,计算瞬时式安全钳允许质量。

（3）对于试验后安全钳发生永久变形或者断裂的情况计算允许质量,并且选择两者中对申请单位有利的一个计算结果。

（4）允许质量减少的情况由型式试验机构和申请单位协商确定,如果有必要可以重新进行试验。

三、渐进式安全钳检验

（一）自由下落试验

1.检验要求

1）对于单一质量的渐进式安全钳的检验要求

（1）应该对申请单位申请的总质量进行 4 次试验,每次试验前应该使摩擦元件达到正常温度。

（2）在试验期间可以使用数套摩擦元件,但每套摩擦元件应当能够承受:①三次试验,当额定速度不大于 4 m/s 时;②两次试验,当额定速度大于 4 m/s 时。

（3）应该对自由降落的高度进行计算,使其和申请单位指明的渐进式安全钳装置相应的限速器的最大动作速度相适应。

2）对于不同质量的渐进式安全钳的检验要求

（1）不同质量的渐进式安全钳指通过分级调整或者连续调整可以改变渐进式安全钳允许质量。

（2）必须对申请的最大允许质量和最小允许质量分别进行一系列的试验。申请人应该提供一个公式或者图表,以显示与某一参数成函数关系的制动力的变化,试验机构应该用恰当的方法去核实给出的公式或者图表的有效性。

3）对于适用不同限速器动作速度的渐进式安全钳的检验要求

试验机构还应该通过自由降落试验核实渐进式安全钳装置相应的限速器最小动作速度时的制动能力,应该检查试验期间测定的平均制动力,不超过试验前确定的制动力的±25%。

2.检验方法

（1）在试验塔架上,用加、减速度测试仪和辅助件进行渐进式安全钳的自由下落试验。

（2）申请单位应该将渐进式安全钳的预期制动力除以 16 来确定试验的总质量。

（3）每一次的试验应当在一段未使用过的导轨上进行，试验中应该模拟渐进式安全钳实际工作的导轨表面状态：干燥或者润滑。

（4）每一次试验期间应该直接或者间接记录下列数值：①平均制动力；②最大瞬时制动力；③最小瞬时制动力。

（5）对于不同质量的渐进式安全钳装置，应该通过试验方式核实申请单位给出的公式或者图表的有效性，以进行最大允许质量、最小允许质量和允许质量范围的中间值三个系列的试验，每一个系列的试验应该符合要求。

（6）适用不同限速器动作速度的渐进式安全钳，对于每一个通过试验确定的允许质量，应该通过自由降落试验核实渐进式安全钳相应的限速器最小动作速度时的平均制动力，如有必要，应该拍摄照片作为变形和裂纹的证据。

（7）试验后目测钳体变形情况，如有必要，应该拍摄照片作为变形和裂纹的证据。

（二）允许质量的确定

1.检验要求

（1）渐进式安全钳的允许质量通过与其相应的限速器的最大动作速度相适应的4次试验的试验数据计算确定。

（2）对于给定试验质量的每一次试验，其制动力的偏差应当不超过由试验质量乘以16而得到的制动力的±25%。

（3）如果试验得到的允许质量与申请单位预期的允许质量相差超过20%，则可以认为试验失败，由申请单位调整后重新进行试验。

（4）下列情况的每一个系列的每一次的试验应该符合上述（1）、（2）和（3）的要求：①单一质量的渐进式安全钳；②不同质量的渐进式安全钳。

2.检验方法
通过核查计算检验。

第三节　电梯缓冲器检验技术

申请单位在进行缓冲器检验之前，需要说明使用范围（最大撞击速度、最大质量和最小质量）。液压缓冲器需要单独提供缓冲器所用的液体，将液体通道的开口度表示成缓冲器行程的函数。下面分别就线性蓄能型缓冲器、非线性蓄能型缓冲器和耗能型缓冲器等的检验要求和检验方法进行介绍。

一、线性蓄能型缓冲器检验

（一）检验要求

（1）线性蓄能型缓冲器可能的总行程：①对于使用破裂阀或单向节流阀作为防坠落保护的液压电梯缓冲器，应至少等于相应于表达式 $v_d + 0.3$ m/s 给出速度的重力制停距离的 2 倍,即 $0.102 \times (v_d+0.3)^2$ m;②对于其他的所有电梯,应至少等于相应于 115% 的额定速度的重力制停距离的 2 倍,即 0.135 m,无论如何,此行程不得小于 65 mm。

注:v_d 为液压电梯轿厢下行额定速度,单位为 m/s;v 为电梯额定速度,单位为 m/s。

(2)对线性蓄能型缓冲器进行完全压缩试验,在进行两次完全压缩试验后,缓冲器部件不得有损坏,试验期间应当记录缓冲器的力–压缩行程载荷图。

(二)检验方法

在试验前,首先确定完全压缩缓冲器所需要的质量,然后用万能试验机对被检缓冲器进行两次完全压缩试验,两次完全压缩试验间隔为 5~30 min,记录两次试验数据并取平均值,且缓冲器部件不得有损坏现象。试验期间应记录缓冲器的力–压缩行程载荷图,检查线性蓄能型缓冲器压缩的总行程,使其满足上述要求。

二、非线性蓄能型缓冲器检验

(一)检验要求

借助重物自由降落对缓冲器进行冲击试验,应该使用最大质量和最小质量先后分别各进行 3 次试验。

冲击试验应当符合下列要求:①在撞击瞬间达到要求的最大速度,并且不小于 0.8 m/s;②保证碰撞瞬间的加速度至少 0.9g(g 为重力加速度);③每次试验间隔为 5~30 min;④试验环境温度为 15~25 ℃;⑤进行 3 次最大质量试验时,当缓冲行程等于缓冲器实际高度的 50% 时,所对应的缓冲力坐标值之间的变化不应大于 5%,在进行最小质量试验时也应该满足这一要求。

(二)检验方法

试验前,首先确定完全压缩缓冲器所需要的质量。在试验塔架、摩擦力足够小的情况下,垂直地引导重物,借助重物自由降落对缓冲器进行冲击试验,在撞击到缓冲器瞬间的速度达到 0.8 m/s 以上。在试验过程中,使用加、减速度仪对下落的加速度进行测量,且保证此时碰撞瞬间的加速度至少为 0.9g(g 为重力加速度)。在计算平均减速度时,时间应为首次出现两个绝对值最小的减速度之间的时间差。对最大质量和最小质量先后分别各进行 3 次试验,冲击试验应符合上述要求。当试验结果与申请书中的最大或(和)最小允许质量不相符合时,在征得申请单位同意后,试验或检验检测机构可以确定能够接受的允许质量范围。

三、耗能型缓冲器检验

(一)检验要求

(1)在试验前检查缓冲器可能的总行程,对于:①使用破裂阀或单向节流阀作为防坠落保护的液压电梯缓冲器,应至少等于相应于表达式 $v_d+0.3$ m/s 给出速度的重力制停距离,即 $0.051\times(v_d+0.3)^2$ m;②其他的所有电梯,应至少等于相应于 115% 额定速度的重力制停距离,即 0.067 4 m。

注:v_d 为液压电梯轿厢下行额定速度,单位为 m/s;v 为电梯额定速度,单位为 m/s。

(2)液压耗能型缓冲器的结构应当便于检查其液位。

(3)借助重物自由降落对缓冲器进行冲击试验,使用最大质量和最小质量先后分别各进行一次试验。

(4)冲击试验中应符合下列要求:①在撞击瞬间达到要求的最大速度;②每次试验后,缓冲器应保持完全压缩状态 5 min;③每次试验间隔至少为 30 min;④试验环境温度为 15～25 ℃。

(5)试验结果应当符合下列要求:①缓冲器平均减速度不应大于 g;②减速度峰值超过 $2.5g$ 的时间不应大于 0.04 s;③每次试验后释放缓冲器时,对于弹簧复位或者重力复位式,缓冲器完全复位时间不应大于 120 s;④两次试验结束 30 min 后,液面应再次达到能够确保缓冲器性能的位置;⑤冲击试验后,缓冲器应无损坏。

(二)检验方法

试验前检查缓冲器可能的总行程,在缓冲器中加注符合要求的液体并检查液位,将缓冲器以正常工作的同样方式安装、固定在试验塔架上,按照非线性蓄能型缓冲器对所需的最大质量和最小质量先后分别各进行一次冲击试验,在冲击试验中应符合上述要求。在试验期间,应用刻度尺记录轿厢下落距离,用加、减速度测试仪记录下落至停止过程中的加速度、减速度,且需要分别记录试验前后环境和液体温度,根据试验记录,试验结果应符合上述要求。当试验结果与申请书中的最大允许质量和最小允许质量不相符合时,在征得申请单位同意后,试验或检验检测机构可以确定能够接受的允许质量范围。

第四节　电梯门锁装置检验技术

一、概述

在对所有参与层门和轿门锁紧和检查锁闭情况的门锁装置检验前,申请单位应当向检验机构提供一个安装调试完毕、能够正常使用的门锁装置作为试验或检验检测样品,具体要求如下:

(1)提供一件门锁装置的试验样品及其试验所需的附件(所有参与层门和轿门锁紧和检查锁闭情况的部件均为门锁装置的组成部分)。例如,门锁装置的试验只能在将该装置安装在相应的门(如有数扇门扇的滑动门或者数扇门扇的铰链门)上的条件下进行,应当按照工作状况把门锁装置安装在一个完整的门上。

(2)如果有必要,门锁装置电气安全装置的绝缘件应当单独提供,绝缘件面积不小于 15 mm×15 mm,厚度不小于 3 mm。

(3)如果进行交流和直流两种类型的试验,需要提供两件门锁装置试验样品。

二、门锁操作检验

(一)检验要求

(1)将门锁安装在门锁试验台上,手动检验待检样品是否由重力、永久磁铁或弹簧来产生和保持闭锁装置的锁紧动作,并且需要满足:①弹簧应在压缩状态下作用,弹簧应有导向装置并满足在开锁时弹簧将不会被压缩;②通过一种简单的方法,如加热或冲击,不应使采用永久磁铁来保持锁紧元件作用的功能失效;③即使永久磁铁或弹簧功能失效,重力也不能导致开锁。

(2)锁紧元件和其附件应能耐冲击,并且采用金属材料制造或加固。

(3)手动检查被测样品是否设置一个电气安全装置来检查锁紧元件的啮合情况,并满足:①切断电路的触点元件与机械锁紧装置之间的连接应是直接的和防止误操作的,并且必要时可以调节;②在电气安全装置动作之前,锁紧元件的最小啮合长度为 7 mm;③电气安全装置连接导线的截面面积不应小于 0.75 mm²。

(4)检查该锁紧装置是否具有保护装置,以避免可能妨碍正常功能的积尘危险,并满足:①应易于检查工作部件,如可使用透明板,以便于观察;②当电气安全装置的触点放在盒中时,盒盖的螺钉应为不脱落式,在打开盒盖时螺钉应保留在盒或盖的孔中。

(5)直接机械连接的多扇门组成的水平或垂直滑动门,应满足:①所有门扇之间为直接机械连接的,允许锁紧装置只设置在其中一扇能够防止其他门扇开启的门扇上;②允许将验证门闭合位置的电气装置安装在一个门扇上。

(6)间接机械连接的多扇门组成的水平或垂直滑动门,应满足:当门扇间为间接机械连接(如钢丝绳、链条或皮带)且门扇上均未装有手柄和该连接机构能够承受任何正常能预计的力时可以使用间接连接,且允许锁紧装置只设置在其中一扇能够防止其他门扇开启的门扇上,但其他未直接锁紧的门扇均应设置验证该门扇关闭位置的电气装置。

(二)检验方法

审查技术资料和图纸,手动操作检查装置是否符合要求,用刻度尺测量啮合长度。

三、门锁机械检验

(一)机械静态检验

1.检验要求

(1)门锁装置须进行以下试验:沿门的开启方向,在尽可能接近使用人员试图开启门扇时施加力的位置上施加一个静态力。对于铰链门,此静态力在 300 s 的时间内应逐渐增加到 3 000 N;对于滑动门,此静态力为 1 000 N,作用时间为 300 s。

（2）对用于铰链门的舌块式门锁装置,如果该装置有一个用来检查门锁舌块可能变形的电气安全装置,并且在经过机械静态试验后,如对该门锁装置的强度存在任何怀疑,则须逐步增加载荷,直至舌块发生永久变形,安全装置开始打开。门锁装置或层门的其他部件不得破坏或产生变形。在静态试验后,如果尺寸和结构都不会引起对门锁装置强度的怀疑,就没有必要对舌块进行机械耐久试验。

（3）试验后被测门锁装置不应产生可能影响安全的磨损、变形或断裂等现象。

2.检验方法

使用门锁静态试验机按照上述检验要求方法进行试验。

（二）机械动态试验

1.检验要求

（1）处于锁住状态的门锁装置应该沿门开启方向进行一次冲击试验,其冲击相当于一个 4 kg 的刚性体从 0.5 m 的高度自由下落所产生的效果。

（2）试验后不应该产生可能影响安全的磨损、变形或者断裂。

2.检验方法

将门锁固定在动态试验机上,让门锁处于锁住状态,检验时将被测门锁装置沿门开启方向进行一次冲击试验,试验后检查该门锁是否产生可能影响安全的磨损、变形或断裂现象。

（三）机械耐久检验

1.检验要求

（1）门锁装置应当能够承受 1×10^6 次完全循环操作（±1%）。一次循环包括在两个方向上具有全部可能行程的一次往复运动。

（2）对于有数扇门扇的水平或者垂直滑动门的门锁装置,门扇间采用的直接或者间接机械连接装置均看作门锁装置的组成部分。耐久试验应该按照工作状况把门锁装置安装在一个完整的门上进行。在其耐久试验中,每分钟的循环次数应该与结构的尺寸相适应。

2.检验方法

将门锁安装在门锁耐久试验装置上,在试验时,处于正常操作状态的门锁装置试样由它通常的操作装置控制,试样应按照门锁装置制造商的要求进行润滑。当存在数种可能的控制方式和操纵位置时,应在元件处于最不利的受力状态下进行频率为 60 次/min 的循环试验（一次循环包括在两个方向上具有全部可能行程的一次往复运动）,总共进行 1×10^6 次完全循环操作（±1%）,操作循环次数和锁紧元件的行程应由机械或电气的计数器记录。在检验过程中,门锁的驱动应平滑、无冲击。试验后检测门锁装置是否产生可能影响安全的磨损、变形或断裂现象。

四、电气试验

(一)电气耐久试验

1.检验要求

(1)在进行机械耐久试验的同时进行门锁装置的电气触点的电气耐久试验。

(2)电气触点在额定电压和2倍额定电流的条件下接通一个电阻电路。

(3)电气耐久试验后,电气触点不应该产生影响安全的电蚀和痕迹。

2.检验方法

在进行机械耐久试验的同时进行门锁装置的电气触点的电气耐久试验。试验时,应在门锁装置处于工作位置的情况下进行。如果有数个可能的位置,则应在被试验单位判定为最不利的位置上进行。电气触点在额定电压和2倍额定电流的条件下接通一个电阻电路,电气耐久试验后,检查电气触点是否产生影响安全的电蚀和痕迹。

(二)接通和分断能力试验

1.电气触点的接通和分断能力试验

1)检验要求

(1)在电气耐久试验后应进行门锁装置电气触点的接通分断能力试验,试验应按照规定的程序进行。

(2)作为试验基准的电流值和额定电压值应由试验申请单位指明,如果没有具体规定,额定值应为下列值:对于交流电为230 V,2 A;对于直流电为200 V,2 A。

(3)在未说明电路类型的情况下,则应检验交流电和直流电两种条件下接通和分断的能力。

2)检验方法

(1)试验应当在门锁装置处于锁紧状态时进行,如果存在数种可能的位置,则试验应当在最不利的位置上进行。

(2)试验样品应当与正常使用时一样装有罩壳和电气布线。

注:试验期间层门锁应无电气和机构的故障,不应发生触头的熔焊或持续燃弧。试验后层门锁电气装置应能承受2倍额定电压,但不低于1 000 V的工频试验电压(使用耐压测试仪进行试验)。

2.交流电路的接通和分断能力试验

1)检验要求

(1)在正常速度和时间间隔为5~10 s的条件下,门锁装置的电气触点应该能够接通和断开一个电压等于110%额定电压的电路50次,触点应该保持闭合至少0.5 s。

(2)试验电路应该符合电路功率因数等于0.7±0.05,试验电流值等于申请单位指明的额定电流值的11倍。

2）检验方法

将交流电路接通和分断能力试验装置与门锁相连接,在试验电路中应串联一个空芯电感和一个电阻作为负载,使电路功率因数满足 0.7±0.05 的试验要求,并且试验电流值应等于申请单位指明的额定电流值的 11 倍。在正常速度和时间间隔为 5~10 s 的条件下,应能使门锁装置接通和断开一个电压等于 110%额定电压的电路 50 次,在试验中触点应保持闭合至少 0.5 s。

3.直流电路的接通和分断能力试验

1）检验要求

（1）在正常速度和时间间隔为 5~10 s 的条件下,门锁装置的电气触点应当能够接通和断开一个电压为 110%额定电压的电路 20 次,触点应该保持闭合至少 0.5 s。

（2）电路的电流应当在 300 ms 内达到试验电流稳定值的 95%,试验电流值为生产单位指明的额定电流的 1.1 倍。

2）检验方法

在试验电路中应串联一个铁芯电感和一个电阻作为负载,使电路时间常数满足 $T_{0.95} = 6P \leqslant 300$ ms 的要求（P 为门锁装置电气触点控制的直流电磁铁负载的最大稳态消耗功率）。在正常速度和时间间隔为 5~10 s 的条件下,门锁装置应能接通和断开一个电压为 110%额定电压的电路 20 次。在试验过程中,电路的电流应在 300 ms 内达到试验电流稳定值的 95%,试验电流值应为生产单位指明的额定电流值的 1.1 倍,且触点应保持闭合至少 0.5 s。

（三）漏电流电阻试验

1.检验要求

（1）门锁装置的电气安全装置的绝缘材料应该进行耐漏电起痕试验,试验应该按照规定的程序进行。

（2）绝缘材料应该通过漏电起痕试验,即试验各个电极应该连接在一个 175 V、50 Hz 的交流电源上。

2.检验方法

使用漏电起痕测试仪对门锁装置的电气安全装置的绝缘材料进行耐漏电起痕试验,试验应按照规定的程序进行。在试验时,各电极应连接在一个 175 V、50 Hz 的交流电源上,检测门锁装置的绝缘材料应通过 PTI175 试验。

（四）门锁装置的电气间隙和爬电距离

1.检验要求

（1）对于外壳防护等级等于或者低于 IP4X 的触点,电气间隙至少为 3 mm,爬电距离至少为 4 mm。

（2）对于外壳防护等级高于 IP4X 的触点,电气间隙至少为 3 mm,爬电距离至少为 3 mm。

2.检验方法

用刻度尺和 IP 试具检查门锁装置的电气间隙和爬电距离。

第十一章 塔式起重机的安装检验技术

第一节 塔式起重机简述

一、塔式起重机的型号

型号示例:公称起重力矩 400 kN·m 的快装塔式起重机,型号为 QTK400 JG/T5037;公称起重力矩 600 kN·m 的固定塔式起重机,型号为 QTG600 JG/T5037。

塔式起重机以公称起重力矩为主参数,其系列为 100 kN·m、160 kN·m、200 kN·m、250 kN·m、315 kN·m、400 kN·m、500 kN·m、630 kN·m、800 kN·m、1 000 kN·m、1 250 kN·m、1 600 kN·m、2 000 kN·m、2 500 kN·m、3 150 kN·m、4 000 kN·m、5 000 kN·m、6 300 kN·m。

二、塔式起重机的性能参数

(一)幅度

幅度是指从塔式起重机回转中心线至吊钩中心线的水平距离,通常称为回转半径或工作半径。俯仰变幅的起重臂俯仰时与水平的夹角在 13°~65°,其变幅范围较小,而小车变幅的起重臂始终是水平的,变幅的范围较大,因此小车变幅的塔式起重机在工作幅度上有优势。俯仰变幅塔式起重机的实际吊钩幅度一般是将吊钩放至地面,然后用卷尺测量塔机中心到吊钩的水平限高;小车变幅的塔式起重机的实际吊钩幅度可以将其在大臂上每节的长度相加,再加上塔机中心至大臂根部的长度即可算出。

(二)起重量

起重量是吊钩能吊起的重量,包括吊索、吊具及容器的重量。起重量包括最大起重量及最大幅度起重量两个参数。最大起重量由起重机的设计结构确定,主要包括钢丝绳、吊钩、臂架等重量。其吊点必须在幅度较小的位置。最大幅度起重量除与起重机设计结构有关外,还与其倾翻力矩有关,是一个很重要的参数。

塔式起重机的起重量随吊钩的滑轮组数不同而不同。一般两绳的塔式起重机起重量是单绳起重量的 1 倍,四绳的塔式起重机起重量是两绳起重量的 1 倍等,可根据需要进行变换。

塔式起重机的起重量随着幅度的增加而相应递减,因此在各种幅度时都有额定的起重量,不同的幅度和相应的起重量连接起来,根据绘制成起重机的性能曲线图,操作人员可以迅速得出不同幅度下的额定起重量,防止超载。一般塔式起重机可以安装几种不同的臂长,每一种臂长的起重臂都有其特定的起重曲线,不过差别不大。

为了防止塔式起重机起承量超过其最大起重量,塔式起重机都安装有重量限制器,有的称测力环。重量限制器内装有多个限制开关,除可限制塔机最大额定重量外,在高速起吊和中速起吊时,也可进行重量限制,高速时吊重最轻,中速时吊重中等,低速时吊重最重。

(三)起重力矩

起重量与相应幅度的乘积为起重力矩,单位为 kN·m。额定起重力矩是塔式起重机工作能力最重要的参数,是防止塔式起重机工作时因重心偏移而发生倾翻的关键参数。由于不同幅度的起重力矩不均衡,幅度渐大,起重力矩渐小,因此常以各点幅度的平均起重力矩作为塔式起重机的额定起重力矩。

为了防止塔式起重机工作时超起重力矩而发生安全事故,塔式起重机都安装了力矩限制器。当力矩增大时,塔尖的主肢结构会发生弹性形变而触发限位开关动作。力矩限制器也装有多个限制开关,达到额定起重力矩后,不仅起升装置不能动作,小车也不能向外变幅;当达到 80%额定力矩后,小车自动切断高速装置,只能慢速向前,防止因惯性而超力矩。

(四)起升高度

起升高度也称吊钩高度,是指从塔机的混凝土基础表面(或行走轨道顶面)到吊钩的垂直距离。对小车变幅的塔式起重机,其最大起升高度是不可变的。对于俯仰变幅的塔式起重机,其起升高度随不同幅度而变化,最小幅度时起升高度可比塔尖高几十米,因此俯仰变幅在起升高度上有优势。

起升高度包括两个参数:一是安装自由高度时的起升高度;二是塔机附着时的最大起升高度。在安装自由高度时不需附着,一般塔式起重机的起升高度能达到 40 m,能满足小高层以下建筑的需要。

为了防止塔机吊钩起升超高而损坏设备发生安全事故,每台塔机上都安装有高度限位器,当吊钩上升到离臂架 1~2 m 时自动切断起升电源,防止吊钩继续上升。

(五)工作速度

塔式起重机的工作速度包括起升速度、回转速度、变幅速度、大车行走速度等。在起重作业中,起升速度是最重要的参数,特别是高层建筑中,提高起升速度就能提高工作效率;同时吊物就位时需要慢速,因此起升速度变化范围大是塔式起重机起吊性能优越的表现。在回转、变幅、大车行走等起重作业中,其速度都不要求过快,但必须能平稳地启动和制动,能实现调速。为满足要求,采用变频控制比较理想。

(六)尾部尺寸、部件重量及外廓尺寸

下回转起重机的尾部尺寸是指由回转中心至转台尾部(包括压重块)的最大回转半径。上回转起重机的尾部尺寸是指由回转中心线至平衡臂尾部(包括平衡块)的最大回

转半径。塔式起重机的尾部尺寸是影响安装拆卸及回转作业的重要参数。塔式起重机各部件的重量和外廓尺寸是运输、吊装拆卸时的重要参数。

三、塔式起重机构造

(一)塔机的金属结构

塔机的金属结构由起重臂、塔身、附着杆、底座、平衡臂、底架、回转支承和小车变幅机构等结构部件组成。

起重臂构造形式为小车变幅水平臂架,它又可分为单吊点小车变幅水平臂架、双吊点小车变幅水平臂架和起重臂与平衡臂连成一体的锤头式小车变幅水平臂架。单吊点小车变幅水平臂架是静定结构。双吊点小车变幅水平臂架是超静定结构。锤头式小车变幅水平臂架装设于塔身顶部,状若锤头,塔身如锤柄,不设塔尖,故又叫平头式。其结构形式更简单,具有更有利于受力、减轻自重、简化构造等优点。小车变幅臂架大都采用正三角形截面。

塔身结构也称塔架,是塔机结构的主体。现今塔架均采用方形断面,断面尺寸应用较广的有 1.2 m×1.2 m、1.4 m×1.4 m、1.6 m×1.6 m、2.0 m×2.0 m;塔身标准节常用尺寸是 2.5 m 和 3 m。塔身标准节采用的连接方式,应用最广的是盖板螺栓连接和套柱螺栓连接,其次是承插销轴连接和插板销轴连接。标准节有整体式塔身标准节和拼装式塔身标准节,后者加工精度高,制作难,但是堆放占地小,运费少。塔身节内必须设置爬梯,以便司机及机工上下。爬梯宽度不宜小于 500 mm,梯步间距不大于 300 mm,每 500 mm 设一护圈。当爬梯高度超过 10 m 时,梯子应分段转接,在转接处加设一道休息平台。

塔尖是承受臂架拉绳及平衡臂拉绳传来的上部荷载,并通过回转塔架、转台、承座等结构部件直接将荷载通过转台传递给塔身结构。自升塔顶有截锥柱式、前倾或后倾截锥柱式、人字架式及斜撑架式。

上回转塔机均须设平衡重,其功能是支承平衡,用以产生作用方向与起重力矩方向相反的平衡力矩。除平衡重外,还常在其尾部装设起升机构。起升机构之所以与平衡重一起安放在平衡臂尾端,一是可发挥部分配重作用;二是增大绳卷筒与塔尖导轮间的距离,以利钢丝绳的排绕并避免发生乱绳现象。平衡重的用量与平衡臂的长度成反比关系,而平衡臂长度与起重臂长度之间又存在一定比例关系。平衡重的用量相当可观,轻型塔机一般至少要 3~4 t,重型的要近 30 t,平衡重可用铸铁或钢筋混凝土制成;前者加工费用高但迎风面积小,后者体积大、迎风面大,对稳定性不利,但简单经济,故一般采用后者。通常的做法是将平衡重预制区分成 2~3 种规格,宽度、厚度一致,但高度加以调整,以便与不同长度臂架匹配使用。

(二)起重机械零部件

每台塔机都要用许多种起重零部件,其中数量最大、技术要求严而规格繁杂的是钢丝绳。塔机用的钢丝绳根据功能不同有起升钢丝绳、变幅钢丝绳、臂架拉绳、平衡臂拉绳、小车牵引绳等。

钢丝绳的特点是整根的强度高,而且整根断面大小一样,强度一致,自重轻,能承受振动荷载,弹性大,能卷绕成盘,能在高速下平衡运动,并且无噪声,磨损后其外皮会产生许多毛刺,易于发现并便于处理。钢丝绳通常由一股股直径为 0.3~0.4 mm 的细钢丝搓成绳股,再由股捻成绳。塔机用的钢丝绳是交互捻,特点是不易松散和扭转。就绳股截面形状而言,高层建筑施工用塔机以采用多股不扭转钢丝绳最为适宜。此种钢丝绳由两层绳股组成,两层绳股捻制方向相反,采用旋转力矩平衡的原理捻制而成,受力时自由端不发生扭转。

塔机起升钢丝绳及变幅钢丝绳的安全系数一般取为 5~6,小车牵引绳和臂架拉绳的安全系数取为 3,塔机电梯升降绳的安全系数不得小于 10。绝不允许提高钢丝绳的最大允许安全荷载量。由于钢丝绳的重要性,必须加强对钢丝绳的定期全面检查,贮存于干燥、封闭、有木地板或沥青混凝土地面的仓库,以免腐蚀,装卸时不要损坏表面,堆放时要竖立安置。对钢丝绳进行润滑可以延长使用寿命。

变幅小车是水平臂架塔机必备的部件。整套变幅小车由车架结构、钢丝绳、滑轮、行轮、导向轮、钢丝绳承托轮、钢丝绳防脱棍、小车牵引张紧器及断绳保险器等组成。对于特长水平臂架,在变幅小车一侧挂一个检修吊篮,可载维修人员前往各检修点进行维修和保养。作业完成后,小车驶回臂架根部,使吊篮与变幅小车脱钩,固定在臂架结构上的专设支座处;其他的零部件还有滑轮、回转支承、吊钩和制动器等。

(三)工作机构

工作机构包括顶升机构、回转机构、起升机构、平衡臂架、起重臂架、小车牵引机构、变幅机构和大车行走机构(行走式塔机)等。顶升机构用于升高塔机,塔机顶升机构一般用液压机构。回转机构由垂直安装的电动机和减速系统组成,用于保持塔机上半身的水平旋转。起升机构用来提升重物。平衡臂架是保持力矩平衡的。起重臂架一般是提升重物的受力部分。小车牵引机构用来安装滑轮组和钢绳及吊钩,也是直接受力部分。变幅机构用于使小车沿轨道运行。大车行走机构只有行走式塔机才有,用于移动塔式起重机的位置。

四、建筑常用的塔式起重机分类

(一)按塔身回转方式分类

塔机按塔身回转方式可分为上回转式和下回转式。

上回转塔式起重机将回转支承、平衡重、主要机构等均设置在上端,优点是由于塔身不回转,可简化塔身下部结构,顶升加节方便;缺点是当建筑物超过塔身高度时,由于平衡臂的影响,限制起重机的回转,同时重心较高,风压增大,压重增加,使整机总重量增加。QT1-6 型是轨道式、上(塔身)回转式、动臂变幅式中型塔式起重机。该塔机由底座、塔身、起重臂、塔顶及平衡重物等组成。起重机底座有两种:一种有 4 个行走轮,只能直线行驶;另一种有 8 个行走轮,能转弯行驶,内轨半径不小于 5 m。此起重机的最大起重力矩为 510 kN·m,最大起重量为 60 kN,最大起重高度为 40.60 m,最大起重半径为20 m,能转弯行驶,可根据需要适当增加塔身节数以增加起重高度,故适用面较广;但其重心高,对整机稳定及塔身受力不利,装拆费工时。

下回转塔式起重机将回转支承、平衡重、主要机构等均设置在下端,优点是塔式所受弯矩较少、重心低、稳定性好、安装维修方便;缺点是对回转支承要求较高,安装高度受到限制。QT1-2 型是下(塔身)回转式、动臂变幅式、轨道行走式塔式起重机。这种起重机主要由底盘、塔身和起重臂组成,它可以折叠,能整体运输,起重量为 1~2 t,起重力矩为160 kN·m;其特点是重心低、转动灵活、稳定性好、运输和安装方便,但回转平台较大,起重高度小,适用于 5 层以下民用建筑结构安装及预制构件厂装卸作业。

(二)按起重臂的构造特点分类

塔机按起重臂的构造特点可分为动臂变幅式和小车变幅式。

动臂变幅式塔机是靠起重臂升降来实现变幅的,其优点是能充分发挥起重臂的有效高度,机构简单;缺点是最小幅度被限制在最大幅度的 30% 左右,不能完全靠近塔身,变幅时负荷随起重臂一起升降,不能带负荷变幅。

小车变幅式塔机是靠水平起重臂轨道上安装的小车行走实现变幅的,其优点有以下几个方面:变幅范围大,载重小车可驶近塔身,能带负荷变幅。缺点是起重臂受力情况复杂,对结构要求高,且起重臂和小车必须处于建筑物上部,塔尖安装高度比建筑物屋面要高出 15~20 m。

(三)按能否自行搭设分类

塔机按能否自行搭设可分为快装式和借助辅机拆装。能自行架设的快装式塔机属于中小型下回转塔机,主要用于工期短、要求频繁移动的低层建筑上,其主要优点是能提高工作效率,节省安装成本,省时省工省料;缺点是结构复杂,维修量大。须借助辅机拆装的塔式起重机主要用于中高层建筑及工作幅度大、起重量大的场所,是目前建筑工地上的主要机种。

(四)按有无行走机构分类

塔机按有无行走机构可分为移动式和固定式。移动式塔式起重机根据行走装置的不同可分为轨道式、轮胎式、汽车式、履带式四种。轨道式塔式起重机塔身固定于行走底架上,可在专设的轨道上运行,稳定性好,能带负荷行走,工作效率高,因而广泛应用于建筑安装工程。固定式塔式起重机的塔身一般可随着建筑物高度上升而接高,适用于高层建筑施工。

(五)按有无塔头的结构分类

塔机按有无塔头的结构可分为平头式和尖头式。平头塔式起重机是近几年发展起来的一种新型塔式起重机,在原自升式塔式起重机的结构上取消了塔尖及其前后拉杆部分,增强了大臂和平衡臂的结构强度,大臂和平衡臂直接相连,其优点主要有以下几个方面:

（1）整机体积小，安装便捷、安全，降低运输和仓储成本。

（2）起重臂耐受性能好，受力均匀一致，对结构及连接部分损坏小。

（3）部件设计可标准化、模块化，互换性强，减少设备闲置，提高投资效益。其缺点是在同类型塔式起重机中平头塔式起重机价格稍高。尖头塔式起重机是现在普遍采用的塔机，结构合理，节省材料。

（六）按塔身升高方式分类

塔机按塔身升高方式可分为附着自升式和内爬式两种。

第一，附着自升式塔式起重机能随建筑物升高而升高，建筑结构仅承受由起重机传来的水平载荷，附着方便，但占用结构用钢多，适用于高层建筑。自升是指随着建筑物的增高，利用液压顶升系统而逐步自行接高塔身。自升塔式起重机的液压顶升系统主要有顶升套架、长行程液压千斤顶、支承座、顶升横梁、引渡小车、引渡轨道及定位销等。液压千斤顶的缸体装在塔吊上部结构的底端支承座上，活塞杆通过顶升横梁支承在塔身顶部。

自升时液压千斤顶顶升塔顶，将标准节推入塔身，安装好标准节之后，把塔顶与塔身连成整体。

第二，内爬式塔式起重机在建筑物内部（电梯井、楼梯间），借助1套托架和提升系统进行爬升，顶升较烦琐，但占用结构用钢少，不需要装设基础，全部自重及载荷均由建筑物承受。内爬式塔式起重机由底座、套架、塔身、塔顶、行车式起重臂、平衡臂等组成。它安装在高层装配式结构的框架梁或电梯间结构上，每安装1~2层楼的构件，便靠1套爬升设备使塔身沿建筑物向上爬升1次。这类起重机主要用于高层框架结构安装及高层建筑施工，型号有QT5-4/40型、QT3-4型等，其特点是机身小、重量轻、安装简单、不占用建筑物外围空间，适用于现场狭窄的高层建筑结构。但是，采用这种起重机施工，将增加建筑物的造价；司机的视野不开阔；需要1套辅助设备用于起重机拆卸。

内爬式塔式起重机的爬升过程：首先，起重小车回至最小幅度，下降吊钩并用吊钩吊住套架的提环；其次，放松固定套架的地脚螺栓，将其活动支腿收进套架梁内，将套架提升两层楼高度，摇出套架活动支腿，用地脚螺栓固定；最后，松开底座地脚螺栓，收回其活动支腿，开动爬升机构将起重机提升两层楼高度，拔出底座活动支腿，用地脚螺栓固定。

五、对塔式起重机整机的要求

（1）塔机的工作条件应满足以下几个方面：工作环境温度为-20~40 ℃，特殊要求可按相关协议执行；塔机的利用等级、载荷状态应符合设计规定的工作级别；工作电源电压的允许偏差为其公称值±10%。

（2）塔机的抗倾翻稳定性应符合《塔式起重机》（GB/T 5031—2019）中有关"抗倾翻稳定性"的规定。

（3）自升式塔机在加节作业时，任一顶升循环中即使顶升油缸的活塞杆全程伸出，塔身上端面至少应比顶升套架上排导向滚轮（或滑套）中心线高60 mm。

（4）塔机应保证在工作和非工作状态时，平衡重及压重在其规定位置上不位移、不脱落,平衡重块之间不得互相撞击。当使用散粒物料作平衡重时应使用平衡重箱,平衡重箱应防水,保证重量准确、结构稳定。

(5)在塔身底部易于观察的位置应固定产品标牌。由于塔机司机流动性大,要求在塔机司机室内易于观察的位置设置常用操作数据的标牌或显示屏。标牌或显示屏的内容应包括幅度载荷表、主要性能参数、各起升速度挡位的起重量等。标牌或显示屏应牢固、可靠,字迹清晰、醒目。

(6)塔机使用说明书应包括的内容有主要性能参数;外形尺寸、整体运输时的离地间隙、通过半径、接近角、离去角、最大桥荷;各部件重量;配重和压重图样、安装固定的位置和方法;行走轨道、固定基础、附着锚固、内爬基础的图样,承受载荷的大小和方向组合;主要机构和系统原理图、传动示意图;安装、架设、拆卸、拖运程序和方法,使用工具和设备,场地证编号要求;安装、架设后的试验与调整;安全装置的种类、位置原理、调整方法与要求;操作方法;维修保养要求;其他特殊说明和各种明细表。

说明书还应包括以下内容:根据塔机主要承载结构件使用材料的低温力学性能、机构的使用环境温度范围及有关因素决定塔机的使用温度、正常工作年限或者利用等级、载荷状态、工作级别以及各种工况的许用风压;安全装置的调整方法、调整参数及误差指标;对于在安装起重臂前先安装平衡重块的塔机,应注明平衡重块的数量、规格及位置;起重臂组装完毕后,对其连接用销轴、安装定位板等连接件的检查项目和检查方法;在塔身加节、降节的安全作业步骤,使用的平衡措施及检查部位和检查项目;所用钢丝绳的形式、规格和长度;高强度螺栓所需的预紧力或预紧力矩及检查要点;起重臂、平衡臂各组合长度的重心及拆装吊点的位置。

(7)使用单位应建立塔机设备档案,档案至少应包括以下几点;每次安装地点、使用时间及运转台班记录;每次启用前进行常规检验的记录;塔机用户除需进行日常维护、保养和检查外,还应按规定进行正常使用时的常规检验。常规检验在每次转移工地、安装后进行,在同一地点工作的每年进行 1 次,但安全装置需要每半年进行 1 次;重大故障修复后也要做常规检验,常规检验的项目包括对抽样机进行性能试验和安全装置检验;常规检验应由用户主管工程师或委托检测单位完成;大修、更换主要零部件;变更、检查和试验等记录;设备、人身事故记录;设备存在的问题和评价。

六、塔式起重机安全装置

为了保证塔机的安全作业,防止发生各项意外事故,安全装置有下列几个。

(一)起重力矩限制器

起重力矩限制器的主要作用是防止塔机起重力矩超载的安全装置,避免塔机由于严重超载而引起倾覆等恶性事故。力矩限制器仅对塔机臂架的纵垂直平面内的超载力矩起防护作用,不能防护风载、轨道的倾斜或陷落等引起的倾翻事故。对于起重力矩限制器,除要求一定的精度外,还要有高可靠性。

根据力矩限制器的构造和塔式起重机形式的不同,它可安装在塔帽、起重臂根部和端部等部位。力矩限制器主要分为机械式和电子式两大类,机械式力矩限制器按弹簧的不同可分为螺旋弹簧和板弹簧两类。

当起重力矩大于相应工况额定值并小于额定值的110%时,应切断上升和幅度增大方向电源,但机构可做下降和减小幅度方向的运动。对小车变幅的塔机,起重力矩限制器应分别由起重量和幅度进行控制。

力矩限制器是塔机最重要的安全装置,它应始终处于正常工作状态。在现场条件不完全具备的情况下,至少应在最大工作幅度进行力矩限制器试验,可以使用现场重物经台秤标定后,作为试验载荷使用,使力矩限制器的工作符合要求。

(二)起重量限制器

起重量限制器的作用是保护起吊物品的重量不超过塔机允许的最大起重量,用以防止塔机的吊物重量超过最大额定荷载,避免发生结构、机构及钢丝绳损坏事故。起重量限制器根据构造不同可在起重臂头部、根部等部位。它主要分为电子式和机械式两种。

(1)电子式起重量限制器。俗称电子秤或称拉力传感器,当吊载荷的重力传感器的应变元件发生弹性变形时而与应变元件联成一体的电阻应变元件随其变形产生阻值变化,这一变化与载荷重量大小成正比,这就是电子秤工作的基本原理。一般情况下,将电子式起重量限制器串接在起升钢丝绳中置地臂架的前端。

(2)机械式起重量限制器。限制器安装在回转框架的前方,主要由支架、摆杆、导向滑轮、拉杆、弹簧、撞块、行程开关等组成。当绕过导向滑轮的起升钢丝绳的单根拉力超过其额定数值时,摆杆带动拉杆克服弹簧的张力向右运动,使紧固在拉杆上的碰块触发行程开关,从而接触电铃电源,发出警报信号,并切断起升机构的起升电源,使吊钩只能下降不能提升,以保证塔机安全作业。

当起重量大于相应挡位的额定值并小于额定值的110%时,应切断上升方向的电源,但机构可做下降方向运动。具有多挡变速的起升机构,限制器应对各挡位具有防止超载的作用。

(三)起升高度限位器

起升高度限位器是用来限制吊钩接触到起重臂头部或与载重小车之间,或是下降到最低点(地面或地面以下若干米)以前,使起升机构自动断电并停止工作,防止因起重钩起升过度而碰坏起重臂的装置。可使起重钩在接触到起重臂头部之前,起升机构自动断电并停止工作。常用的有两种形式:一是安装在起重臂端头附近,二是安装在起升卷筒附近。

安装在起重臂端头的以钢丝绳为中心,从起重臂端头悬挂重锤,当起重钩达到限定位置时,托起重锤,在拉簧作用下,限位开关的杠杆转过一个角度,使起升机构的控制回路断开,切断电源,停止起重钩上升。安装在起升卷筒附近的是卷筒的回转,通过链轮和链条或齿轮带动丝杆转动,并通过丝杆的转动使控制块移动到一定位置时,限位开关断电。对动臂变幅的塔机,当吊钩装置顶部升至起重臂下端的最小距离为800 mm处时,应能立即停止起升运动。对小车变幅的塔机,吊钩装置顶部至小车架下端的最小距离根据塔机形式及起升钢丝绳的倍率而定。上回转式塔机2倍率时为1 000 mm,4倍率时为700 mm;下回转式塔机2倍率时为800 mm,4倍率时为400 mm,此时应能立即停止起升运动。

(四)幅度限位器

幅度限位器用以限制起重臂在俯仰时不超过极限位置。在起重臂俯仰到一定限度之前发出警报,当达到限定位置时,则自动切断电源。

动臂式塔机的幅度限制器是用以防止臂架在变幅时,变幅到仰角极限位置(一般与水平夹角为63°~70°)时切断变幅机构的电源,使其停止工作,同时还设有机械止挡,以防臂架因起幅中的惯性而后翻。小车运行变幅式塔机的幅度限制器用来防止运行小车超过最大幅度或最小幅度的两个极限位置。一般小车变幅限位器是安装在臂架小车运行轨道的前后两端,用行程开关达到控制。

对动臂变幅的塔机,应设置最小幅度限位器和防止臂架反弹后倾装置。对小车变幅的塔机,应设置小车行程限位开关和终端缓冲装置。限位开关动作后应保证小车停车时其端部距缓冲装置最小距离为200 mm。

(五)行程限位器

(1)小车行程限位器:设于小车变幅式起重臂的头部和根部,包括终点开关和缓冲器(常用的有橡胶和弹簧两种),用来切断小车牵引机构的电路,防止小车越位而造成安全事故。

(2)大车行程限位器:包括设于轨道两端尽头的制动缓冲装置和制动钢轨及装在起重机行走台车上的终点开关,用来防止起重机脱轨。

(六)回转限位器

无集电器的起重机,应安装回转限位器且工作可靠。塔机回转部分在非工作状态下应能自由旋转;对有自锁作用的回转机构,应安装安全极限力矩联轴器。

(七)夹轨钳

装设于行走底架(或台车)的金属结构上,用来夹紧钢轨,防止起重机在大风情况下被风力吹动而行走造成塔机出轨倾翻事故的装置。

(八)风速仪

自动记录风速,6级风速以上时自动报警,使操作司机及时采取必要的防范措施,如停止作业、放下吊物等。

臂架根部铰点高度大于50 m的塔机,应安装风速仪。当风速大于工作极限风速时,应能发出停止作业的警报。风速仪应安装在起重机顶部至吊具最高位置间的不挡风处。

(九)障碍指示灯

塔顶高度大于30 m且高于周围建筑物的塔机,必须在起重机的最高部位(臂架、塔帽或人字架顶端)安装红色障碍指示灯,并保证供电不受停机影响。

(十)钢丝绳防脱槽装置

主要用以防止钢丝绳在传动过程中脱离滑轮槽而造成钢丝绳卡死和损伤。

(十一)吊钩保险

吊钩保险是安装在吊钩挂绳处的一种防止起吊钢丝绳由于角度过大或挂钩不妥时造成起吊钢丝绳脱钩、吊物坠落事故的装置。吊钩保险一般采用机械卡环式,用弹簧来控制挡板,阻止钢丝绳的滑脱。

七、塔式起重机的安装拆除方案

塔式起重机的安装拆除方案或称拆装工艺,包括拆装作业的程序、方法和要求。合理、正确的拆装方案,不仅是指导拆装作业的技术文件,也是保证拆装质量安全及提高经济效益的重要保证。由于各类型塔式起重机的结构不同,因而其拆装方案也各不相同。

(一)拆装方案内容

塔式起重机的拆装方案一般应包括以下内容:
(1)整机及部件的安装或拆卸的程序与方法。
(2)安装过程中应检测的项目及应达到的技术要求。
(3)关键部位的调整工艺应达到的技术条件。
(4)需使用的设备、工具、量具、索具等的名称、规格、数量及使用注意事项。
(5)作业工位的布置、人员配备(分工种、等级)以及承担的工序分工。
(6)安全技术措施和注意事项。
(7)需要特别说明的事项。

(二)编制方案的依据

编制拆装方案主要依据是:
(1)国家有关塔式起重机的技术标准和规范、规程。
(2)随机的使用、拆装说明书,整机、部件的装配图,电气原理及接线图等。
(3)已有的拆装方案及过去拆装作业中积累的技术资料。
(4)其他单位的拆装方案或有关资料。

(三)编制要求

为使编制的拆装方案先进、合理,应正确处理拆装进度、质量和安全的关系。具体要求如下:
(1)拆装方案的编制,一方面应结合本单位的设备条件和技术水平,另一方面还应考虑工艺的先进性和可靠性。因而必须在总结本单位拆装经验和学习外单位先进经验的基础上,对拆装工艺不断地改进和提高。

(2)在编制拆装程序及进度时,应以保证拆装质量为前提。如果片面追求进度,简化必要的作业程序,将留下使用中的事故隐患,即便能在安装后的检验验收中发现,也将造成重大的返工损失。

(3)塔式起重机拆装作业的关键问题是安全。拆装方案中,应体现对安全作业的充分保证。编制拆装方案时,要充分考虑改善劳动和安全条件,尤其是保证高空作业中拆装工人的人身安全及拆装机械不受损害。

(4)针对数量较多的机型,可以编制典型拆装方案,使它具有普遍指导意义。对于数量较少的其他机型,可以典型拆装方案为基准,制定专用拆装方案。

(5)编制拆装方案要正确处理质量、安全和速度、经济等的关系。在保证质量和安全的前提下,合理安排人员组合和各工种的相互协调,尽可能减少工序间不平衡而出现忙闲不均。尽可能减少部件在工序间的运输路程和次数,减轻劳动强度。集中使用辅助起重、运输机械,减少作业台班。

(四)拆装方案的编制步骤

(1)认真学习有关塔式起重机的技术标准和规程、规范,仔细研究塔式起重机生产厂使用说明书中有关的技术资料和图纸。掌握塔式起重机的原始数据、技术参数、拆装方法、程序和技术要求。

(2)制定拆装方案路线。一般按照拆装的先后程序,应用网络技术,制定拆装方案路线。一般自升塔式起重机的安装程序是:铺设轨道基础或固定基础→安装行走台车及底架→安装塔身基础节和两个标准节→安装斜撑杆→放置压重→安装顶升套架和液压顶升装置→组拼安装转台、回转支承装置承座及过渡节→安装塔帽和驾驶室→装平衡臂→安装起重臂和变幅小车,穿绕起升钢丝绳→顶升接高标准节到需要高度。

(五)拆装方案的审定

拆装方案制定后,应先组织有关技术人员和拆装专业队的熟练工人研究讨论,经再次修改后由企业技术负责人审定。

根据拆装方案,将拆装作业划分为若干个工位来完成,按照每个工位所负担的作业任务编订工艺卡片。在每次拆装作业前,按分工下达工艺卡片,使每个拆装工人明确岗位职责以及作业的程序和方法。拆装作业完成后,应在总结经验教训的基础上,修改拆装方案、使之更加完善,达到优质、安全、快速拆装塔式起重机的目的。

八、塔式起重机的安全使用

(一)拆装作业中的安全技术

(1)起重机的拆装必须由取得建设行政主管部门颁发的拆装资质证书的专业队进行,并应有技术人员和安全人员在场监护。

（2）起重机拆装前,应按照出厂有关规定,编制拆装作业方法、质量要求和安全技术措施,经企业技术负责人审批后,作为拆装作业技术方案,并向全体作业人员交底。

（3）拆装作业前检查项目应符合下列要求:①路基和轨道铺设或混凝土基础应符合技术要求;②对所拆装起重机的各机构、各部位、结构焊缝、重要部位螺栓、销轴、卷扬机构和钢丝绳、吊钩、吊具以及电气设备、线路等进行检查,使隐患排除于拆装作业之前;③对自升塔式起重机顶升液压系统的液压和油管、顶升套架结构、导向轮、顶升撑脚(爬爪)等进行检查,及时处理存在的问题;④对采用旋转塔身法所用的主副地锚架、起落塔身卷扬钢丝绳以及起升机构制动系统等进行检查,确认无误后方可使用;⑤对拆装人员所使用的工具、安全带、安全帽等进行检查,不合格者立即更换;⑥检查拆装作业中配备的起重机、运输汽车等辅助机械,应状况良好,技术性能应保证拆装作业的需要;⑦拆装现场电源电压、运输道路、作业场地等应具备拆装作业条件;⑧安全监督岗的设置及安全技术措施的贯彻落实已达到要求。

（4）起重机的拆装作业应在白天进行。当遇大风、浓雾和雨雪等恶劣天气时,应停止作业。

（5）指挥人员应熟悉拆装作业方案,遵守拆装工艺和操作规程,使用明确的指挥信号进行指挥。所有参与拆装作业的人员,都应听从指挥,如发现指挥信号不清或有错误,应停止作业,待联系清楚后再进行。

（6）拆装人员在进入工作现场时,应穿戴安全保护用品,高处作业时应系好安全带,熟悉并认真执行拆装工艺和操作规程,当发现异常情况或疑难问题时,应及时向技术负责人反映,不得自行其是,应防止处理不当而造成事故。

（7）在拆装上回转、小车变幅的起重臂时,应根据出厂说明书的拆装要求进行,并应保持起重机的平衡。

（8）采用高强度螺栓连接的结构,应使用原厂制造的连接螺栓,自制螺栓应有质量合格的试验证明,否则不得使用。连接螺栓时,应采用扭矩扳手或专用扳手,并应按装配技术要求拧紧。

（9）在拆装作业过程中,当遇天气剧变、突然停电、机械故障等意外情况,短时间不能继续作业时,必须使已拆装的部位达到稳定状态并固定牢靠,经检查确认无隐患后,方可停止作业。

（10）安装起重机时,必须将大车行走缓冲止挡器和限位开关碰块安装牢固可靠,并应将各部位的栏杆、平台、扶杆、护圈等安全防护装置装齐。

（11）在拆除因损坏或其他原因而不能用正常方法拆卸的起重机时,必须按照技术部门批准的安全拆卸方案进行。

（12）起重机安装过程中,必须分阶段进行技术检验。整机安装完毕后,应进行整机技术检验和调整,各机构动作应正确、平稳、无异响,制动可靠,各安全装置应灵敏有效;在无载荷情况下,塔身和基础平面的垂直度允许偏差为4/1 000,经分阶段及整机检验合格后,应填写检验记录,经技术负责人审查签证后,方可交付使用。

（二）顶升作业的安全技术

（1）升降作业过程，必须有专人指挥，专人照看电梯，专人操作液压系统，专人拆装螺栓；非作业人员不得登上顶升套架的操作平台。操纵室内应只准一人操作，必须听从指挥信号。

（2）升降应在白天进行，特殊情况需在夜间作业时，应有充分的照明。

（3）风力在4级及以上时，不得进行升降作业；在作业中风力突然增大至4级时，必须立即停止，并应紧固上、下塔身各连接螺栓。

（4）顶升前应预先放松电缆，其长度宜大于顶升总高度，并应紧固好电缆卷筒；下降时应适时收紧电缆。

（5）升降时，必须调整好顶升套架滚轮与塔身标准节的间隙，并应按规定使起重臂和平衡臂处于平衡状态，并将回转机构制动住，当回转台与塔身标准节之间的最后一处连接螺栓（销）拆卸困难时，应将其对角方向的螺栓重新插入，再采取其他措施；不得以旋转起重臂动作来松动螺栓（销）。

（6）升降时，顶升撑脚（爬爪）就位后，应插上安全销，方可继续下一动作。

（7）升降完毕后，各连接螺栓应按规定扭力紧固，液压操纵杆回到中间位置，并切断液压升降机构电源。

（三）附着锚固作业的安全技术

（1）起重机附着的建筑物，其锚固点的受力强度应满足起重机的设计要求。附着杆系的布置方式、相互间距和附着距离等，应按出厂使用说明书规定执行。有变动时，应另行设计。

（2）装设附着框架和附着杆件，应采用经纬仪测量塔身垂直度，并应采用附着杆件进行调整，在最高锚固点垂直度允许偏差为2/1 000。

（3）在附着框架和附着支座布设时，附着杆倾斜角不得超过10°。

（4）附着框架宜设置在塔身标准节连接处，箍紧塔身，塔架对角处在无斜撑时应加固。

（5）塔身顶升接高到规定锚固间距时，应及时增设与建筑物的锚固装置；塔身高出锚固装置的自由端高度，应符合出厂规定。

（6）起重机作业过程中，应经常检查锚固装置，发现松动或异常情况时，应立即停止作业，故障未排除，不得继续作业。

（7）拆卸起重机时，应随着降落塔身的进程拆卸相应的锚固装置；严禁在落塔之前先拆锚固装置。

（8）遇有6级及以上大风时，严禁安装或拆卸锚固装置。

（9）锚固装置的安装、拆卸、检查和调整，均应有专人负责，工作时应系安全带和戴安全帽，并应遵守高处作业有关安全操作的规定。

（10）轨道式起重机作附着式使用时，应提高轨道基础的承载能力和切断行走机构的电源，并应设置阻挡行走轮移动的支座。

（四）内爬升作业的安全技术

（1）内爬升作业应在白天进行。风力在 5 级及以上时,应停止作业。

（2）内爬升时,应加强机上与机下之间的联系以及上部楼层与下部楼层之间的联系,遇有故障及异常情况,应立即停机检查,故障未排除,不得继续爬升。

（3）内爬升过程中,严禁进行起重机的起升、回转、变幅等各项动作。

（4）起重机爬升到指定楼层后,应立即拔出塔身底座的支承梁或支腿,通过内爬升框架固定在楼板上,并应顶紧导向装置或用楔块塞紧。

（5）内爬升塔式起重机的固定间隔不宜小于 3 个楼层。

（6）对固定内爬升框架的楼层楼板,在楼板下面应增设支柱进行临时加固;搁置起重机底座支承梁的楼层下方两层楼板,也应设置支柱进行临时加固。

（7）每次内爬升完毕后,对楼板上遗留下来的开孔,应立即采用钢筋混凝土封闭。

（8）起重机完成内爬升作业后,应检查内爬升框架的固定、底座支承梁的紧固以及楼板临时支撑的稳固等,确认可靠后,方可进行吊装作业。

（五）塔式起重机的验收

塔式起重机在安装完毕后,塔机的使用单位应当组织验收。参加验收单位包括塔机的使用单位和安装单位。

（六）塔机司机应具备的条件

（1）年满 18 周岁,具有初中以上文化程度。

（2）不得患有色盲、听觉障碍。矫正视力不低于 5.0(原标准为 1.0)。

（3）不得患有心脏病、高血压、贫血、癫痫、眩晕、断指等疾病及妨碍起重作业的生理缺陷。

（4）经有关部门培训合格,持证上岗。

（七）塔机的安全使用要点

（1）每月或连续大雨后,应及时对轨道基础进行全面检查,检查内容包括轨距偏差、钢轨顶面的倾斜度、轨道基础的弹性沉陷、钢轨的不直度及轨道的通过性能等。对混凝土基础,应检查其是否有不均匀沉降。

（2）应保持起重机上所有安全装置灵敏有效,如发现失灵的安全装置,应及时修复或更换。所有安全装置调整后,应加封(火漆或铅封)固定,严禁擅自调整。

（3）配电箱应设置在轨道中部,电源电路中应装设错相及断相保护装置及紧急断电开关,电缆卷筒应灵活有效,不得拖缆。

（4）起重机在无线电台、电视台或其他强电磁波发射天线附近施工时,与吊钩接触的作业人员,应戴绝缘手套和穿绝缘鞋,并应在吊钩上挂接临时放电装置。

（5）当同一施工地点有 2 台以上起重机时,应保持两机间任何接近部位(包括吊重物)距离不得小于 2 m。

(6)起重机作业前,应检查轨道基础平直无沉陷,鱼尾板连接螺栓及道钉无松动,并应清除轨道上的障碍物,松开夹轨器并向上固定好。

(7)起动前重点检查项目应符合下列要求:①金属结构和工作机构的外观情况正常;②各安全装置及各指示仪表齐全完好;③各齿轮箱、液压油箱的油位符合规定;④主要部位连接螺栓无松动;⑤钢丝绳磨损情况及各滑轮穿绕符合规定;⑥供电电缆无破损。

(8)送电前,各控制器手柄应在零位。当接通电源时,应采用试电笔检查金属结构部分,确认无漏电后,方可上机。

(9)作业前,应进行空载运转,试验各工作机构是否运转正常,有无噪声及异响,各机构的制动器及安全防护装置是否有效,确认正常后方可作业。

(10)起吊重物时,重物和吊具的总重量不得超过起重机相应幅度下规定的起重量。

(11)应根据起吊重物和现场情况,选择适当的工作速度,操纵各控制器时应从停止点(零点)开始,依次逐级增加速度,严禁越挡操作。在变换运转方向时,应将控制器手柄扳到零位,待电动机停转后再转向另一方向,不得直接变换运转方向、突然变速或制动。

(12)在吊钩提升、起重小车或行走大车运行到限位装置前,均应减速缓行到停止位置,并应与限位装置保持一定距离(吊钩不得小于 1 m,行走轮不得小于 2 m)。严禁采用限位装置作为停止运行的控制开关。

(13)动臂式起重机的起升、回转、行走可同时进行,变幅应单独进行。每次变幅后应对变幅部位进行检查。允许带载变幅的,当载荷达到额定起重量的 90% 及以上时,严禁变幅。

(14)提升重物,严禁自由下降。重物就位时,可采用慢就位机构或利用制动器使之缓慢下降。

(15)提升重物进行水平移动时,应高出其跨越的障碍物 0.5 m 以上。

(16)对于无中央集电环及起升机构不安装在回转部分的起重机,在作业时,不得沿一个方向连续回转。

(17)装有上、下两套操纵系统的起重机,不得上、下同时使用。

(18)作业中,当停电或电压下降时,应立即将控制器扳到零位,并切断电源。如吊钩上挂有重物,应稍松稍紧反复使用制动器,使重物缓慢地下降到安全地带。

(19)采用涡流制动调速系统的起重机,不得长时间使用低速挡或慢就位速度作业。

(20)作业中如遇 6 级及以上大风或阵风,应立即停止作业,锁紧夹轨器,将回转机构的制动器完全松开,起重臂应能随风转动。对轻型俯仰变幅起重机,应将起重臂落下并与塔身结构锁紧在一起。

(21)作业中,操作人员临时离开操纵室时,必须切断电源,锁紧夹轨器。

(22)起重机载人专用电梯严禁超员,其断绳保护装置必须可靠。当起重机作业时,严禁开动电梯。电梯停用时,应降至塔身底部位置,不得长时间悬在空中。

(23)作业完毕后,起重机应停放在轨道中间位置,起重臂应转到顺风方向,并松开回转制动器,小车及平衡重应置于非工作状态,吊钩宜升到离起重臂顶端 2~3 m 处。

(24)停机时,应将每个控制器拨回零位,依次断开各开关,关闭操纵室门窗,下机后,应锁紧夹轨器,使起重机与轨道固定,断开电源总开关,打开高空指示灯。

(25)检修人员上塔身、起重臂、平衡臂等高空部位检查或修理时,必须系好安全带。

(26)在寒冷季节,对停用起重机的电动机、电器柜、变阻器箱、制动器等,应严密遮盖。

(27)动臂式和尚未附着的自升式塔式起重机,塔身上不得悬挂标语牌。

第二节　塔式起重机的结构、机构和零部件检验技术

一、塔式起重机的结构检验技术

(一)对塔式起重机梯子、扶手和护圈的检验要求

(1)不宜在与水平面呈65°~75°的位置设置梯子。

(2)与水平面呈不大于65°的阶梯两边应设置不低于1 m高的扶手,该扶手支承于梯级两边的竖杆上,每侧竖杆中间应设有横杆。

(3)阶梯的踏板应采用具有防滑性能的金属材料制作,踏板横向宽度不小于300 mm,梯级间隔不大于300 mm,扶手间宽度不小于60 mm。

(4)与水平面呈75°~90°的直梯应满足下列条件:边梁之间的宽度不小于30 mm;踏杆间隔为250~300 mm;踏杆与后面结构件间的自由空间(踏脚间隙)不小于160 mm;边梁应可以抓握且没有尖锐边缘;踏杆直径不小于16 mm,且不大于40 mm;踏杆中心0.1 m范围内承受1 200 N的力时,无永久变形;塔身间边梁的断开间隙不应大于40 mm。

(5)高于地面2 m以上的直梯应设置护圈,护圈应满足下列条件:直径为600~800 mm;侧面应用3条或5条沿护圈圆周方向均布的竖向板条连接;护圈的最大间距条件是侧面有3条竖向板条时为900 mm,侧面有5条竖向板条时为500 mm,任何一个0.1 m的范围内可以承受1 000 N的垂直力时,无永久变形。

(6)当梯子设于塔身内部时,塔身结构满足以下条件,且侧面结构不允许直径为60 mm的球体穿过时,可不设护圈:正方形塔身边长不大于750 mm;等边三角形塔身边长不大于1 100 mm;直角等腰三角形塔身边长不大于1 100 mm,或梯子沿塔身对角线方向布置,边长不大于1 100 mm;筒状塔身直径不大于1 000 mm;快装式塔机。

(二)平台、走道、踢脚板和栏杆

(1)在操作、维修处应设置平台、走道、踢脚板和栏杆。

(2)离地面2 m以上的平台和走道应用金属材料制作,并具有防滑性能。在使用圆孔、栅格或其他不能形成连续平面的材料时,孔或间隙的大小不应使直径为20 mm的球体通过。在任何情况下,孔或间隙的面积应小于400 mm²。

(3)平台和走道宽度不应小于500 mm,局部有妨碍处可以降至400 mm。平台和走道上操作人员可能停留的每一个部位都不应发生永久变形,且能承受以下载荷:2 000 N的

力通过直径为 125 mm 的圆盘施加在平台表面的任何位置;450 N/m² 的均布载荷。

(4)平台或走道的边缘应设置不小于 100 mm 高的踢脚板。在需要操作人员穿越的地方,踢脚板的高度可以降低。

(5)离地面 2 m 以上的平台及走道应设置防止操作人员跌落的手扶栏杆。手扶栏杆的高度不应低于 1 m,并能承受 100 N 的水平移动集中载荷。在栏杆一半高度的位置应设置中间手扶横杆。

(6)除快装式塔机外,当梯子高度超过 10 m 时应设置休息小平台。梯子的第一个休息小平台应设置在不超过 12.5 m 的高度处,以后每隔 10 m 内设置一个。当梯子的终端与休息小平台连接时,梯级踏板或踏杆不应超过小平台平面,护圈和扶手应延伸到小平台栏杆的高度。休息小平台平面距下面第一个梯级踏板或踏杆的中心线不应大于 150 mm。如梯子在休息小平台处不中断,则护圈也不应中断,但应在护圈侧面开一个宽为 0.5 m、高为 1.4 m 的洞口,以便操作人员出入。

(三)起重臂走道

(1)起重臂符合下列情况之一时,可不设置走道:截面高度小于 0.58 m;快装式塔机、变幅小车上设有与小车一起移动的挂篮。

(2)对于正置式三角形的起重臂,走道的设置如下:起重臂断面内净空高度 h 等于或大于 1.8 m 时,走道及扶手应设置在起重臂的内部,且至少应设置一边扶手,扶手安装在走道上部 1 m 处。净空高度 h 是指人的头和脚两平面内均能满足 300 mm 净宽度前提下的高度。起重臂高度 H 大于或等于 1.5 m,起重臂断面内净空高度 h 小于 1.8 m 时,走道及扶手应沿着起重臂架的一侧设置;起重臂高度 H 大于或等于 0.85 m,且小于 1.5 m 时,走道及扶手应沿着起重臂架的一侧设置。对于倒置式三角形的起重臂,走道的设置如下:起重臂断面内净空高度 h 大于或等于 1.8 m 时,走道及扶手应设置在起重臂的内部,且至少应设置一边扶手,扶手安装在走道上部 1 m 处。

(3)当起重臂是格构式时,起重臂断面内净空高度 h 大于或等于 1.5 m,走道及扶手应设置在起重臂的内部,且至少应设置一边扶手,扶手安装在走道上部 1 m 处。

(四)司机室

(1)司机室应按提高司机的安全性、适用性,改善人机作业环境,增加耐受环境的条件设置,并满足小车变幅的塔机起升高度要求。

(2)司机室不能悬挂在起重臂上。在正常工作情况下,塔机的活动部件不应撞击司机室。如司机室安装在回转塔身结构内,则应保证司机的视野开阔。

(3)司机室门、窗玻璃应使用钢化玻璃或夹层玻璃。司机室正面玻璃应设有雨刷器。可移动的司机室应设有安全锁止装置。

(4)司机室内应配备符合消防要求的灭火器。

(5)对于安置在塔机下部的操作台,在其上方应设置顶棚。顶棚应满足承压试验:将质量为 102 kg、底面长宽各为 25 cm 的试块平稳地放在司机室顶棚上最薄弱处,时间不得少于 10 min;卸载后,顶棚上不得有任何变形,所有焊缝均不得出现裂纹。

(6)司机室应具备通风、保暖和防雨的条件,内壁应采用防火材料,地板应铺设绝缘层。当司机室内温度低于5℃时,应装设非明火取暖装置;当司机室内温度高于35℃时,应装设防暑通风装置。

(7)司机室的落地窗应设有防护栏杆。

(五)结构件的报废及工作年限

(1)塔机主要承载结构件由于腐蚀或磨损而使结构的计算应力提高,当超过原计算应力的15%时应予报废;对无计算条件的,当腐蚀深度达原厚度的10%时应予报废。

(2)塔机主要承载结构件如塔身、起重臂等,失去整体稳定性时应报废;如局部有损坏并可修复的,则修复后不应低于原结构的承载能力。

(3)塔机的结构件及焊缝出现裂纹时,应根据受力和裂纹情况采取加强或重新施焊等措施,并在使用中定期观察其发展;对无法消除裂纹影响的应予以报废。

(4)塔机主要承载结构件的正常工作年限按使用说明书要求或按使用说明书中规定的结构工作级别、应力循环等级、结构应力状态计算。若使用说明书未对正常工作年限、结构工作级别等做出规定,且不能得到塔机制造商规定的,则塔机主要承载结构件的正常使用不应超过 $1.25×10^5$ 次工作循环。

(六)自升式塔机结构件标志

塔机的塔身标准节、起重臂节、拉杆、塔帽等结构件应具有可追溯出厂日期的永久性标志。同一塔机的不同规格的塔身标准节应具有永久性的区分标志,以防止塔机后续补充的主要承载结构件达不到原塔机性能要求而导致安全事故发生。

(七)自升式塔机后续补充结构件要求

自升式塔机出厂后,后续补充的结构件(塔身标准节、预埋节、基础连接件等)在使用中不应降低原塔机的承载能力,且不能增加塔机结构的变形。对于顶升作业,不应降低原塔机滚轮(滑道)间隙的精度、滚轮(滑道)接触重合度、踏步位置精度的级别。对于安装拆卸作业,不应降低原塔机连接销轴孔、连接螺栓孔安装精度的级别。

二、对塔式起重机机构及零部件的要求

(一)一般要求

在正常工作或维修时,机构及零部件的运动对人体可能造成危险的,应设有防护装置。应采取有效措施,防止塔机上的零件掉落造成危险。可拆卸的零部件如盖、箱体及外壳等应与支座牢固连接,防止掉落。

(二)钢丝绳

塔机起升钢丝绳应优先使用不旋转钢丝绳。未采用不旋转钢丝绳时,其绳端应设有

防扭装置,以防止钢丝绳在空中旋转造成起吊过程中出现问题。钢丝绳的安装、维护、保养、检验及报废应符合有关规定。

(三)吊钩

吊钩的选择、制造、使用检查、质量及检验都应符合相应标准的规定。吊钩禁止补焊,有下列情况之一的应予以报废:用 20 倍放大镜观察表面有裂纹;钩尾和螺纹部分等危险截面及钩筋有永久性变形的情况;挂绳处截面磨损量超过原高度的 10%;心轴磨损量超过其直径的 5%;开口度比原尺寸增加 15%。

(四)卷筒和滑轮

卷筒和滑轮的最小卷绕直径应进行计算。卷筒两侧边缘超过最外层钢丝绳的高度不应小于钢丝绳直径的 2 倍。钢丝绳在卷筒上的固定应安全可靠,且符合钢丝绳端部的固接中的有关要求。钢丝绳在放出最大工作长度后,卷筒上的钢丝绳至少应保留 3 圈。当最大起重量不超过 1 t 时,小车牵引机构允许采用摩擦牵引方式。卷筒和滑轮有下列情况之一的应予以报废:裂纹或轮缘破损;卷筒壁磨损量达原壁厚的 10%;滑轮绳槽壁厚磨损量达原壁厚的 20%;滑轮槽底的磨损量超过相应钢丝绳直径的 25%。

(五)制动器

(1)塔机的起升、回转、变幅、行走机构都应配备制动器。对于电力驱动的塔机,在产生大的电压降或在电气保护组件动作时,不允许各机构的动作失去控制。动臂变幅的塔机,应设有维修变幅机构时能防止卷筒转动的可靠装置。

(2)一些设计和制造商以蜗轮蜗杆减速器当作具有同等制动功能装置的习惯理解和做法,是不对的。在此明确蜗轮蜗杆减速器自锁装置不能代替制动器。

(3)各机构制动器的选择应符合以下要求:起升机构的驱动装置至少要装设一个支持制动器。该支持制动器应是常闭式的,推荐支持制动器与控制制动器并用。控制制动器可以是电气式的,如再生制动器、反接制动器、能耗制动器及涡流制动器等,也可以是机械式的。控制制动器仅用来消耗动能,使物品安全减速。在与控制制动器并用时,支持制动器的最低制动安全系数仍应满足上述要求。

(4)制动器零件有下列情况之一的应予以报废:可见裂纹;制动块摩擦衬垫磨损量达原厚度的 50%;制动轮表面磨损量达 1.5~2 mm;弹簧出现塑性变形;电磁铁杠杆系统空行程超过其额定行程的 10%。

(六)车轮

车轮的计算、选择应符合《塔式起重机设计规范》(GB/T 13752—2017)中的有关规定;车轮的技术要求应符合有关标准的规定;车轮如有可见裂纹、车轮踏面厚度磨损量达原厚度的 15%、车轮轮缘厚度磨损量达原厚度的 50%的情况应予以报废。

第三节 塔式起重机的安全装置、操纵和液压系统的检验技术

一、塔式起重机的安全装置检验技术

起重机的所有安全装置应保持灵敏有效,如发现安全装置失灵的,应及时修复或更换。所有安全装置调整后,应加封(火漆或铅封)固定,严禁擅自调整。

(一)起重量限制器检验技术

塔机应安装起重量限制器。如设有起重量显示装置,则其数值误差不应大于实际值的±5%。当起重量大于相应挡位的额定值并小于该额定值的110%时,起重量限制器应切断上升方向的电源,但机构可做下降方向的运动。

(二)起重力矩限制器检验技术

检验技术分为以下几点:

(1)塔机应安装起重力矩限制器。如设有起重力矩显示装置,则其数值误差不应超过实际值的±5%。

(2)当起重力矩大于相应工况下的额定值或小于该额定值的10%时,应切断上升和幅度增大方向的电源,但机构可做下降和减小幅度方向的运动。

(3)起重力矩限制器控制定码变幅的触点和控制定幅变码的触点应分别设置,且能分别调整。

(4)对小车变幅的塔机,其最大变幅速度超过40 m/min,在小车向外运行,且起重力矩达到额定值的80%时,变幅速度应自动转换为不大于40 m/min。

(三)行程限位装置检验技术

1.行走限位装置检验技术

轨道式塔式起重机行走机构应在每个运行方向设置行程限位开关。在轨道上应安装限位开关碰铁,其安装位置应充分考虑塔式起重机的制动行程,保证塔式起重机在与止挡装置或与同一轨道上其他塔式起重机距离大于1 m的位置能完全停住,此时电缆线还应有足够的富余长度。

2.幅度限位装置检验技术

小车变幅的塔式起重机,应设置小车行程幅度限位开关。动臂变幅的塔式起重机应设置臂架低位置和臂架高位置的幅度限位开关,以及防止臂架反弹后翻的装置。

3.起升高度限位器检验技术

塔式起重机应安装吊钩上极限位置的起升高度限位器。对动臂变幅的塔式起重机,当吊钩装置顶部升至起重臂下端的最小距离800 mm处时,该限位器应立即停止起升运

动。对小车变幅的塔式起重机,吊钩装置顶部至小车架下端的最小距离,根据塔式起重机形式及起升钢丝绳的倍率而定:上回转式塔式起重机 2 倍率时为 1 000 mm,4 倍率时为 700 mm;下回转式塔式起重机 2 倍率时为 800 mm,4 倍率时为 400 mm,此时,起升高度限位器应立即停止起升运动。吊钩下极限位置的限位器,可根据用户要求设置。

4.回转限位器检验技术

回转部分不设集电器的塔式起重机,应安装回转限位器。塔式起重机回转部分在非工作状态下应能自由旋转;对有自锁作用的回转机构,应安装安全极限力矩联轴器。

(四)小车断绳保护装置检验技术

小车变幅的塔式起重机变幅的双向均应设置断绳保护装置。

(五)小车断轴保护装置检验技术

小车变幅的塔式起重机,应设置变幅小车断轴保护装置,即使轮轴断裂,小车也不会掉落,以增加应急防御能力。

(六)钢丝绳防脱装置检验技术

滑轮、起升卷筒及动臂变幅卷筒均应设有钢丝绳防脱装置,该装置与滑轮或卷筒侧板最外缘的间隙不应超过钢丝绳直径的 20%。吊钩应设有防钢丝绳脱钩的装置,以防止处于高空的滑轮钢丝绳因挡绳间隙过大,钢丝绳从吊钩中脱出。

(七)风速仪检验技术

起重臂根部铰点高度大于 50 m 的塔机,应配备风速仪。当风速大于工作极限风速时,风速仪能发出停止作业的警报。风速仪应设在塔式起重机顶部的不挡风位置。

(八)夹轨器检验技术

轨道式塔机应安装夹轨器,使塔机在非工作状态下不能在轨道上移动。

(九)缓冲器、止挡装置检验技术

塔机行走和小车变幅的轨道行程末端均须设置止挡装置。缓冲器安装在止挡装置或塔机(变幅小车)上,当塔机(变幅小车)与止挡装置撞击时,缓冲器应使塔机(变幅小车)较平稳地停车而不产生猛烈的冲击。

(十)清轨板检验技术

轨道式塔机的台车架上应安装排障清轨板,清轨板与轨道之间的间隙不应大于 5 mm。

(十一)顶升横梁防脱功能检验技术

自升式塔机应具有防止塔身在正常加节、降节作业时,顶升横梁从塔身支承中自行脱出的功能。

二、对塔式起重机操纵和液压系统的检验技术要求

(一)塔式起重机操纵系统检验技术

操纵系统的设计和布置应能避免发生误操作的可能性,使塔式起重机在正常使用中能安全可靠地运行;应按人机工程学有关的功能要求设置所有控制手柄、手轮、按钮和踏板,并应有宽裕的操作空间。对于手柄控制器或轮式控制器,一般选择右手控制起升和行走机构,左手控制回转和小车变幅或动臂变幅机构。

手柄或操纵杆的操作应轻便灵活,操作力不应大于 100 N,操作行程不应大于 40 mm;踏板的操作力不应大于 200 N,脚踏行程不应大于 20 mm。在一般情况下,宜使用如下数值:对于左右向的操纵杆,操作力为 5~40 N;对于前后向的操纵杆,操作力为 8~60 N;对于踏板,操作力为 10~150 N。在所有的手柄、手轮、按钮及踏板的附近处,应有表示用途和操作方向的标志。标志应牢固、可靠,字迹清晰、醒目。

(二)塔式起重机液压系统检验技术

(1)液压系统应有防止过载和液压冲击的安全装置。安全溢流阀的调定压力不应大于系统额定工作压力的110%,系统的额定工作压力不应大于液压泵的额定压力。

(2)顶升液压缸应具有可靠的平衡阀或液压锁,平衡阀或液压锁与液压缸之间不应用软管连接。

参 考 文 献

[1]张停,闫玉玲,尹普.机械自动化与设备管理[M].长春:吉林科学技术出版社,2020.

[2]何水龙.机械制造企业项目管理[M].长春:吉林出版集团股份有限公司,2020.

[3]上官兵,张鹏.机械化施工组织与管理[M].大连:大连海事大学出版社,2020.

[4]杨明涛,杨洁,潘洁.机械自动化技术与特种设备管理[M].汕头:汕头大学出版社,2021.

[5]罗志坚,孙强.起重机械常见安全管理问题解析[M].湘潭:湘潭大学出版社,2021.

[6]朱庆华,赵森林.机械装备再制造供应链管理[M].北京:机械工业出版社,2022.

[7]杨荣.建筑机械管理标准化[M].北京:中国建筑工业出版社,2022.

[8]邹翔.建筑施工机械管理研究[M].沈阳:沈阳出版社,2019.

[9]孙光瑞,李巍.工程施工机械与管理[M].3版.北京:中国林业出版社,2019.

[10]黎小刚,王蕾.建设工程物资[M].合肥:安徽大学出版社,2019.

[11]丁小兵.轨道交通运营安全与管理[M].北京:中国铁道出版社,2022.

[12]西安铁路职业技术学院.城市轨道交通运营筹备[R].西安铁路职业技术学院,2023.

[13]贾福宁.轨道交通运营大数据[M].北京:北京交通大学出版社,2020.

[14]刘志钢,丁小兵.城市轨道交通运营安全管理[M].北京:中国铁道出版社,2021.

[15]张秀芳,闫靖,徐龙闪.城市轨道交通运营管理概论[M].北京:北京航空航天大学出版社,2020.

[16]成都轨道交通集团有限公司,交通运输部科学研究院.城市轨道交通运营组织与风险管控研究及实
践[M].成都:西南交通大学出版社,2022.

[17]孙晓梅.城市轨道交通运营管理[M].北京:中国建材工业出版社,2020.

[18]孙玥,阴法明.城市轨道交通运营安全[M].北京:人民邮电出版社,2022.

[19]彭湘涛,宋以华,董捷.城市轨道交通运营安全管理[M].上海:上海科学普及出版社,2021.

[20]邵伟中,宋博,刘纯洁.城市轨道交通运营组织[M].北京:中国建筑工业出版社,2019.

[21]张秀彬,(巴基)曼苏乐,叶尔江·哈力木.轨道交通智能技术导论[M].上海:上海交通大学出版
社,2021.

[22]袁国宝.新基建:数字经济重构经济增长新格局[M].北京:中国经济出版社,2020.

[23]史龙潭.承压特种设备磁粉检测[M].郑州:黄河水利出版社,2021.

[24]孙占远.承压类特种设备的检测与研究[M].延吉:延边大学出版社,2020.

[25]于兆虎,郭宏毅.特种设备金属材料加工与检测[M].开封:河南大学出版社,2019.

[26]张海营,薛永盛,谢曙光.承压类特种设备超声检测新技术与应用[M].郑州:黄河水利出版社,2020.

[27]宋涛.特种设备安全监察与检验检测及使用管理专业基础[M].长沙:湖南科学技术出版社,2021.

[28]胡海峰,钟佳奇,蒋文奇.机电类特种设备检验检测技术研究[M].天津:天津科学技术出版社,2020.